AF591349

CULTURE GÉNÉRALE

BIBLIOTHÈQUE DU CULTIVATEUR

939.77. — BOULOGNE (SEINE). — IMP. JULES BOYER.

BIBLIOTHÈQUE DU CULTIVATEUR

CULTURE GÉNÉRALE

ET

INSTRUMENTS ARATOIRES

DÉFRICHEMENT, ASSAINISSEMENT, DRAINAGE
LABOURS ET FAÇONS DU SOL

PAR

LEFOUR
INSPECTEUR GÉNÉRAL DE L'AGRICULTURE

OUVRAGE ORNÉ DE 135 FIGURES

PARIS
LIBRAIRIE AGRICOLE DE LA MAISON RUSTIQUE
26, RUE JACOB, 26

CULTURE GÉNÉRALE

TITRE PREMIER

MISE EN VALEUR DES TERRAINS IMPRODUCTIFS.

Mettre un sol en valeur, c'est le disposer à *la culture,* s'il est inculte, et à une plus grande productivité s'il est cultivé. Les travaux de la mise en valeur se confondent jusqu'à un certain point avec les travaux de la culture, mais leur caractère distinctif est surtout de préparer ceux-ci en détruisant les causes d'improductivité du sol.

Ces causes peuvent provenir : 1° du climat ; 2° des eaux, de leur surabondance ou de leur absence ; 3° du sol ; 4° enfin de circonstances économiques, l'absence de capital, de travailleurs, de débouchés, etc. Nous ne nous occuperons ici que des trois premières espèces d'obstacles à la culture.

CHAPITRE PREMIER. — IMPRODUCTIVITÉ DUE AU CLIMAT.

Une température excessive dans sa moyenne annuelle, ou pendant quelques mois, modifie profondément la productivité du sol ; des vents périodiques, des grêles fréquentes, des gelées tardives ou prématurées se reproduisant habituellement, rendent beaucoup de cultures impossibles ou chanceuses ; il en est de même des chaleurs excessives ou des sécheresses estivales.

Il est à peu près impossible, en grande culture, de détruire les causes d'improductivité provenant du climat ; cependant on peut par des abris, des haies, des lignes d'arbres, des talus plantés, comme sur nos côtes du nord et de l'ouest, et dans la vallée du Rhône, protéger les cultures contre la violence ou l'action desséchante des vents, l'intensité de la chaleur ou du froid ; par des irrigations on remédie à la sécheresse du climat ; mais le parti le plus sûr est de subordonner le système de mise en valeur aux conditions du climat lui-même et à la spécialité culturale déjà connue de la région agricole. Ainsi dans l'extrême sud on préfèrera la culture arbustive, l'olivier, la vigne, le figuier, le mûrier, etc., les plantes à racines profondes, luzerne, garance; dans le sud moyen, à côté de la vigne, on cultive le maïs, le sorgho; sur nos montagnes et sur les sommets alpestres, dominent la culture pastorale, l'industrie fromagère, les forêts, etc.; sur notre littoral de l'ouest et du nord-ouest, le système pastoral mixte, les herbages, et à côté les céréales, les colzas, les lins, les choux fourrages, etc.; la grande culture céréale et industrielle, les troupeaux, dans le nord et le rayon de Paris, etc., etc. L'étude des conditions de culture du pays indiquera le sens dans lequel devra être dirigée la mise en valeur.

CHAPITRE II. — IMPRODUCTIVITÉ PROVENANT DE LA SURABONDANCE DES EAUX. ASSAINISSEMENT.

SECTION Ire. — EAUX STAGNANTES OU PERMANENTES.

Ces eaux sont à l'état de lacs, étangs, marais, flaques, ou simplement à l'état latent, et constituant dans le sol un excès d'humidité.

§ Ier. — *Lacs et étangs*

Les Lacs diffèrent des étangs en ce qu'ils ont un écoulement permanent. En France, à l'exception du lac de Grand-Lieu (Loire-Inférieure), de 7,000 hect., les lacs sont en montagne et peu étendus; ils forment des réservoirs précieux dans la fonte des neiges ou les grandes pluies et atténuent l'action des torrents ; ils sont en même temps des réserves d'eau pour les canaux d'irrigation ou de navigation, les usines : leur suppression serait souvent plus nuisible qu'avantageuse. Il en est autrement des lacs en plaine, comme celui du Grand-Lieu par exemple, dont le dessèchement se poursuit.

Les étangs occupent en France environ 209,000 hect. dont 4,000 environ d'étangs d'eau salée.

Étangs d'eau douce. La plus grande partie des étangs d'eau douce n'étant que des retenues d'eau faites à l'aide de digues artificielles, il suffit d'en ouvrir la bonde pour en opérer le dessèchement, s'ils ne sont pas soumis d'ailleurs à des servitudes. Au point de vue de la salubrité publique, l'utilité de la suppression d'un grand nombre d'étangs ne paraît pas douteuse. Comme mise en valeur du sol et accroissement de la productivité, elle est très-controversée, et se décide d'ailleurs par les conditions de sol et de localité.

En France, les plus grands étangs non salés sont ceux de l'Indre (Meurthe), 622 hect.; de Villiers (Cher), 600 hect.; de Stock et Gaudrexange (Meurthe), 522 et 464 hect.; d'Horr (Aube), 500 hect.; de la Chaussée (Meuse), 415 hect.; de Ploërmel (Morbihan), 415 hect. Les contrées à étangs sont l'Ain, 19,000 hect. (Dombes); l'Indre 10,000 (Brenne); le Cher, le Loir-et-Cher et le Loiret, 17,000 hect. (Sologne).

Étangs salés. On peut citer parmi les plus étendus ceux de Berre, de Valcarès (Bouches-du-Rhône), ceux de Marguia, Pérole, Vic (Hérault), ceux d'Hourtin, la Canau, Sanguinet, Parentis, etc., sur les bords du golfe de Gascogne.

Le dessèchement des étangs d'eau salée présente des difficultés inhérentes à leur étendue et à leur niveau, inférieur quelquefois à celui de la mer; le grand lac de Harlem en Hollande, qui couvrait une surface de 18,000 hectares et contenait plus de 700 millions de mètres cubes, a été desséché, il y a quelques années, à l'aide de puissantes machines à vapeur dont les forces réunies étaient de mille chevaux environ; un canal de ceinture de 60 kilomètres a été construit pour évacuer les eaux. Le dessèchement des lacs des grandes Moëres et des petites Moëres, appartenant aux Flandres française et belge, comprenant près de 4,000 hectares, effectué au commencement de ce siècle, est en France le plus grand travail de ce genre.

Une distinction très-importante existe du reste entre le dessèchement des étangs salés du nord et ceux du sud-est de la France; tandis que les premiers peuvent être immédiatement livrés à la culture, ceux des bords de la Méditerranée, dans les Bouches-du-Rhône, l'Hérault, etc., ne donnent après le dessèchement qu'un sol presque sans valeur, par suite de l'abondance du sel qui l'imprègne; les pluies peu abondantes sont insuffisantes pour le dessaler: sous l'action de l'évaporation considérable du soleil du midi, les eaux inférieures remontent à la surface du sol, y apportent continuellement une salure nouvelle; le drainage combiné avec l'irrigation a été proposé comme le seul moyen de dessaler rapidement ces terrains.

§ II. — *Marais.*

Les marais sont des amas d'eau d'une plus grande superficie couvrant le sol d'une manière inégale. En France, on en compte environ 600,000 hectares. Les principaux sont : dans le nord et le nord-ouest, ceux des Watteringues (Nord et Pas-de-Calais), aujourd'hui assainis sur une surface de 30,000 hectares, et soumis à un régime de conservation spécial ; les marais de la Scarpe et de l'Escaut, en voie d'assainissement ; les portions marécageuses et tourbeuses des vallées de la Somme et de l'Authie, terrains communaux en grande partie ; dans l'Eure, le marais Vernier, à l'embouchure de la Seine et de la Rille, actuellement soumis au dessèchement ; dans la Manche, la Baye de Ways, que M. Monselmann met en valeur depuis 1858.

Les marais de l'ouest couvrent plus de 200,000 hectares ; on citera, dans la Loire-Inférieure, la Grande-Bruyère, la plus vaste de nos tourbières ; le marais de Donges en grande partie assaini ; dans les Charentes, ceux de la Sèvre-Niortaise, de Boutonne, de la Seuge, de Marennes, depuis longtemps plus ou moins en valeur. Ces marais présentent aujourd'hui plus de 70,000 hectares de limons marins très-profonds et très-riches, mines inépuisables de produits agricoles, si les fossés mieux entretenus donnaient au pays cette salubrité qui assure des travailleurs à la terre, si des baux moins précaires laissaient plus de marge aux entreprises d'amélioration. La culture à la vapeur, ainsi que l'a très-bien indiqué M. Bouscasse, serait peut-être un puissant auxiliaire pour ces marais à la surface plane, environnés de canaux où pourraient circuler le moteur parallèlement au champ. La Gironde et les Landes renferment encore 70,000 hectares de marécages et d'étangs presque tous improductifs. Outre les étangs des bords de la Méditerranée indiqués plus haut, il existe dans les Bouches-du-Rhône et l'Hérault une étendue considérable de terres marécageuses et de flaques d'eau saumâtre, en partie desséchées l'été, mais conservant cette salure dont on a déjà parlé, pernicieuse pour la culture. L'Aude, l'Hérault, le Gard ont également des étangs, quelques-uns desséchés, comme celui de Marseillette (Aude). Les marais d'Arles et de la vallée des Baux, en grande partie rendus à la culture, souffrent moins de ces inconvénients. En Algérie les dessèchements des vastes marais de la Macta, du grand lac salé d'Oran, du lac des Garrabas ont été déclarés, en 1860, travaux d'utilité publique.

A l'intérieur de la France, les marais sont moins étendus et la plupart en valeur : tels sont les marais tourbeux de Saint-Gond et du Laonnais (Aisne), de Bourgoin (Isère), d'Anglure et de Pleurre (Marne), de Sacy (Oise).

La mise en valeur des marais ne s'obtient qu'à l'aide de grands travaux de dessèchement, rentrant en général dans le domaine des ingénieurs. La loi du 16 septembre 1807 règle ces opérations, qui peuvent être faites par les propriétaires, par des concessionnaires ou par l'État. La concession est ordinairement faite avec clause de partage de la plus-value entre les concessionnaires et les propriétaires, dans des proportions déterminées d'avance. La loi du 28 juillet 1860 détermine les conditions de dessèchement des terres incultes appartenant aux communes.

A côté de ces grandes opérations, il est toutefois des travaux de dessèchement sur des surfaces moins étendues que le cultivateur est souvent appelé à exécuter.

Les principales opérations comprennent : 1o l'étude des causes de la stagnation des eaux, et le calcul des quantités qu'y versent les pluies, les sources, les cours d'eau; 2o les moyens d'écarter les eaux étrangères et d'évacuer celles qui s'y trouvent, par canal émissaire, épuisement; 3o les travaux d'art accessoires, ponts, écluses; 4o enfin les mesures de conservation des travaux.

§ III. — *Moyens d'écarter les eaux étrangères.*

Eaux pluviales. On peut atténuer beaucoup l'effet des pluies par l'irrigation et le drainage, à l'aide de rigoles à niveau établies en travers des pentes gazonnées; on recueille les eaux pluviales qui s'absorbent en partie avant d'arriver dans les parties basses; on peut même ménager les pentes de manière à conduire la décharge des eaux d'irrigation au-dessus du niveau du marais; des réservoirs peuvent être creusés pour le même objet dans les parties élevées.

Les eaux des sources et cours d'eau qui sourdent aux points les plus hauts pourront être arrêtées de la même manière avant qu'elles atteignent le marais. Si elles sont plus basses, on en monte le niveau en les recevant dans un réservoir à digues élevées.

On emploiera de la même manière les eaux des *cours d'eau* qui alimentent le marais; si elles agissent par infiltration, on recevra les eaux de ces infiltrations dans un fossé de ceinture, et on leur donnera la destination qu'on vient d'indiquer pour les eaux de pluie et de sources; si elles agissent par *débordement*, on fera des digues, comme on le dira plus loin. S'il est possible, on détournera le cours d'eau en lui donnant une direction qui l'éloigne du fond du marais; on pourra même, en ménageant les pentes, s'en servir pour alimenter la rigole d'irrigation dont on a déjà parlé.

Eaux de la mer. Les eaux stagnantes dans le voisinage de la mer proviennent tantôt des cours d'eau douce, refoulés par le reflux ou la grosse mer, arrêtés par les dunes et les ensablements des embouchures; tantôt des eaux de la mer qui dans les grandes marées inondent le rivage et restent dans les bas-fonds; c'est encore par les endiguements qu'on se met à l'abri de ces envahissements.

§ IV. — *Moyens d'évacuer les eaux des marais.*

Canaux. Si on a des pentes suffisantes, on creuse un *canal* émissaire s'embranchant, s'il est nécessaire, avec des canaux secondaires, et on conduit les eaux dans un cours d'eau; cette opération entraîne quelquefois des travaux d'art, ponts, ponceaux, aqueducs, buses, tunnels, écluses. Pour des marais peu étendus et des mares, on réussit souvent à les vider avec un fossé, ou mieux un *drain* d'un diamètre convenable. Lorsque les eaux sont arrêtées par une couche imperméable, au-dessous de laquelle existent des couches absorbantes, on peut pratiquer un drainage vertical (V. plus bas).

Les puits perdus ou boitout artificiels sont employés avec avantage, quand il existe à une certaine profondeur une couche absorbante: les couches aquifères sont généralement absorbantes. Il suffit donc de creuser un puits jusqu'à une couche de cette nature si elle est peu profonde, ou, dans le cas contraire, d'achever le puits par un forage tubé. On remplit le puits de pierres, on introduit quelquefois au centre un arbre avec ses branches pour favoriser l'écoulement. M. Barral cite, dans son *drainage*, un puits absorbant foré à Bondy, par M. Degousée, qui absorbe environ 133 mètres cubes en 24 heures. Si les pentes manquent pour l'écoulement des eaux, on a recours à l'épuisement, à l'aide de machines (V. *Irrigation*).

§ V. — *Colmatage.*

On met quelquefois le sol à l'abri des eaux stagnantes en remplissant les bas-fonds de terre et d'autres matériaux ; ce moyen est dispendieux. Cependant, si on avait à créer une décharge pour des déblais, si on pouvait profiter d'un retour à vide, de la proximité d'une masse de terre facile à conduire dans le bas-fond, on allégerait beaucoup la dépense. On élève encore souvent le sol dans certains bas-fonds, par exemple en creusant des fossés parallèles dont le déblai sert à former dans les entre-deux des fossés un remblai qu'on plante ou qu'on cultive.

Les eaux elles-mêmes se chargent de ces comblements, qui prennent le nom de *colmatages* quand ils sont produits par les eaux courantes, de *warpages* quand on les obtient des eaux de la mer. Les colmatages ont surtout lieu dans les contrées à cours d'eau rapides et torrentiels très-chargés de limon. Dans le Midi, les étangs de Vendres, de Capestang, de Marseillette, ont été en partie comblés par ce moyen ; les rivières de la Durance, de l'Aude, du Pô, et de leurs affluents, sont particulièrement propres au colmatage ; la quantité de limon qu'elles charrient est très-variable et s'élève pour quelques fleuves, tels que le Nil, la Durance, le Pô, l'Aude, suivant les crues, jusqu'à 700 et 800 grammes par mètre cube ; cette quantité dépasserait parfois, d'après M. Nadaut de Buffon, 2 kilogrammes par mètre cube. On pourrait diluer, suivant M. de Gasparin, dans une eau courante jusqu'aux 4/5 de son poids ; cette propriété est employée quelquefois dans les montagnes pour faire descendre des masses de terre à l'aide d'un cours d'eau torrentiel ; on fait un barrage qu'on ouvre ensuite ; pour laisser échapper le torrent, on fait ébouler dans ses eaux la terre de ses rives.

Ces eaux sont dirigées sur les bas-fonds qu'on veut exhausser ; on dispose à cet effet une enceinte divisée en deux ou trois compartiments à l'aide de digues en terre, de clayonnages, etc. ; l'eau s'y répand par des fossés divergents, et dépose au passage le limon dont elle est chargée ; l'un des plus grands colmatages connus est celui de Castiglione, en Toscane, récemment terminé, qui s'étend sur 9,000 hectares. Aux environs d'Avignon, M. Thomas a colmaté dans ces dernières années 40 à 50 hectares à l'aide d'une prise d'eau du canal de Crillon. Voici sommairement le procédé employé, tel qu'il est décrit par M. Conte dans le *Journal d'Agriculture pra-*

tique : la terre à colmater (fig. 1) est d'abord isolée par un fossé de ceinture dont les déblais servent à former une digue d'environ 0m70; l'enceinte est divisée en cinq compartiments *b b b b b*, par de petites digues transversales allant en baissant un peu de hauteur de la première à la dernière suivant la pente. L'eau introduite du canal d'amener dans le premier compartiment, passe successivement dans les autres, de manière qu'elle arrive claire dans le canal de décharge *c*. Le premier compartiment étant colmaté, le second devient tête; on creuse immédiatement après la première petite digue un fossé qui isole la partie colmatée et devient canal d'arrivée. Le colmatage terminé, on laboure la terre à l'aide d'une charrue à dix colliers qui enlève les chaussées, comble les fossés, nivelle le terrain et mélange les diverses couches de colmatage. On agit sur 3 hectares à la fois. La durée du colmatage est limitée à 3 mois; la dépense par hectare est, d'après M. Conte, de 433 fr., ou pour 3 hectares 1,300 fr., savoir : taxe du canal 150 fr., privation de récolte pendant deux ans 300 fr., curage des fossés 100 fr., construction de 1,500 mètres de digues à 0 fr. 30 cent., et entretien des chaussées 130 fr., mise en culture 150 fr. Le colmatage d'une épaisseur de 0m50 à 0m70 crée un sol ayant une plus-value de 5,500 fr. par hectare et pouvant porter plusieurs récoltes sans fumier.

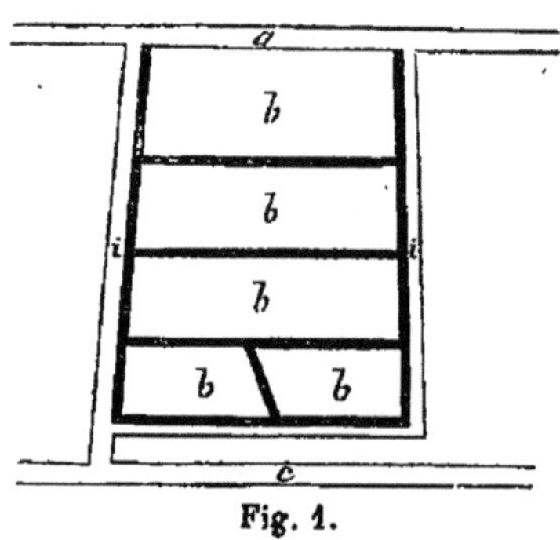

Fig. 1.

§ VI. — *Colmatage avec les eaux de mer* (*Warping*).

Très-usité en Angleterre dans le comté de Lincoln, particulièrement, à l'embouchure de l'Humber, du Trent, ce colmatage a créé des milliers d'hectares d'excellent sol. On l'emploie accidentellement à l'embouchure de quelques rivières de la Normandie. Voici les procédés généralement appliqués en Angleterre : si le terrain à warper borde la rivière dont il est séparé par une digue, on l'entoure complètement par d'autres digues dont la hauteur dépend du niveau des plus hautes eaux et dont la largeur à la couronne est de 0m80 à 1 mètre; on lui donne 1 1/2 de base pour 1 de hauteur. L'étendue de cette enceinte varie de 4 à 5 hectares à plus de

100 hectares. Les grandes étendues se colmatent avec plus d'économie. On pratique dans la digue de la rivière une écluse à deux ventaux ayant quelquefois jusqu'à 6 à 8 mètres de large et correspondant à un fossé endigué, d'une section trois fois moindre, qu'on prolonge jusque vers l'extrémité de l'enceinte, en lui faisant suivre l'un des côtés (le plus élevé) de la digue. Le seuil est assez bas pour pouvoir écouler à marée basse toute l'eau entrée dans cette enceinte. Les portes de l'écluse se tiennent fermées à marée haute par la pression de l'eau; on les ouvre pour introduire celle-ci, et les ventaux sont maintenus ouverts par des tirants. L'eau entrée dans le canal le suit jusqu'à l'extrémité où elle déborde et se répand lentement sur le sol, y dépose la vase qu'elle contient et, lorsque le niveau est abaissé dans le canal, y rentre par une ouverture fermée d'une vanne, et rapprochée de l'extrémité du canal. Quand la partie la plus éloignée est colmatée, on fait une ouverture dans la paroi du canal pour colmater une portion plus rapprochée. L'eau rentre également par une ouverture moins éloignée de la prise d'eau. On colmate ainsi en retour d'eau, afin de mieux mélanger les diverses parties du limon. L'eau en revenant dans le canal d'amener y produit une chasse qui le nettoie de la vase laissée lors de l'amener. On choisit à cet effet les plus hautes marées pour le warpage; la couche de limon formée en 1, 2 ou 3 ans, varie de 0m30 à 0m90.

On peut warper des terrains jusqu'à 2 et 3 kilomètres de la rivière : on prolonge à cet effet le canal endigué; les dépenses sont beaucoup plus élevées, suivant qu'on doit prendre l'eau dans des canaux publics ou exécuter des travaux d'art plus ou moins dispendieux; le prix de revient de l'hectare ainsi colmaté monte de 700 à 1,500 fr., mais la plus-value du terrain s'élève de 2,000 à 6,000 fr. Quelquefois on ne peut faire submerger le terrain à warper; on creuse des fossés assez rapprochés dont on jette les remblais sur les intervalles, on introduit les eaux troubles dans les fossés fermés à l'entrée par une vanne, et le limon qui s'y amasse à la longue finit par en exhausser le fond presque au niveau des ados.

§ VII. — *Assainissement par avivement.*

Dans le cas d'impossibilité d'évacuation des eaux des bas-fonds, on restreint beaucoup l'étendue du marécage en creusant ou en endiguant dans le point le plus bas un réservoir dont les bords à vif font disparaître les causes d'insalubrité. On exhausse à la longue les parties basses par des remblais qu'on peut effectuer à des conditions avantageuses en aplanissant des buttes rapprochées, en transportant des terres par eau à des moments de chômage des attelages.

SECTION II. — HUMIDITÉ DU SOL, ASSÈCHEMENT.

L'excès d'humidité stagnante à l'intérieur du sol en obstrue les pores, arrête cette circulation de l'air et de l'eau qui décompose et rend soluble tout élément de la vie des plantes; l'humidité accumule, au contraire, les principes acides ou astringents nuisibles; d'un autre côté elle refroidit la couche arable, la délaie quelquefois outre mesure, y détermine des sources ou fondrières, gêne le travail et le rend souvent impossible. Un sol frais se déprime, se corroie sous les pieds des animaux : collant à l'état humide, il durcit à l'excès par la sécheresse, se gonfle par la gelée, se met en bouillie par le dégel, déchausse les plantes, etc. Ces sols réagissent également d'une manière défavorable sur la salubrité du pays et sur la santé des hommes et des animaux.

Un sol très-rétentif, un sous-sol imperméable, un niveau trop élevé dans la nappe des eaux du sous-sol, ou des infiltrations souterraines ou latérales, un climat humide et brumeux, des abris trop multipliés sont en général les causes de l'excès d'humidité. On arrête les infiltrations par des fossés de ceinture ou de drainage; on abaisse les niveaux d'eau par le curage à vif des fossés de vidange; on remédie en partie à l'imperméabilité du sol et du sous-sol par *l'assainissement superficiel* et le *drainage*.

L'assainissement superficiel s'opère en régularisant les pentes de manière à faire écouler les eaux pluviales.

Fossés de vidange. Quelquefois, et trop rarement, on pratique pour des plateaux d'une certaine étendue un système de canaux de décharge dans lesquels des fossés collecteurs amènent des eaux qu'y versent d'autres fossés convergeant de toutes les parties de la plaine. Les particuliers mettent leurs champs en communication avec ces fossés, à l'aide d'autres fossés ou rigoles. Une opération d'ensemble de ce genre, opération qu'on ne peut trop conseiller, a été faite sur le plateau de la Brie.

Lorsqu'il est nécessaire, on dispose la surface du champ à l'égouttement, en régularisant les pentes, abattant les buttes, dont les déblais servent à combler les parties basses; si le sol est plat, on crée des pentes artificielles à l'aide du bombement, du billonnage, des noues.

Le bombement s'exécute en remblayant à la brouette les parties centrales des champs au moyen de terres enlevées au pourtour (dans la ceinture). Il est très-employé dans les pays de clôture : le Perche, le Maine, dans le Nord même; les terres ainsi relevées chaque année forment un amendement; on paie à la brouette.

Le billonnement, ou billonnage, se confond avec le mode de labour pratiqué. On en parlera plus loin. Toutefois, le labour en billons de $0^{m}40$ à 1 mètre est encore employé dans beaucoup de contrées comme moyen d'égouttement du sol; dans un terrain qui nécessite un billonnement de cette nature, le drainage est nécessaire et rend ce procédé inutile; hors ce cas, des planches de 2 à 3 mètres même, peu endossées avec dérayure bien nette, suffiront pour l'égouttement, en y ajoutant un système convenable de rigoles.

Les rigoles, *sillons d'écoulement, maîtres,* sont destinées à recueillir les eaux des sillons et dérayures; on les rapproche de la ligne de plus grande pente. Si cette pente est trop grande et si le sol se ravine ou se délaie, on les écarte un peu de cette ligne; de distance en distance on les élargit et on les creuse sur une longueur de $1^{m}50$ à 2 mètres; les limons se déposent dans ces fossés et sont rejetés plus tard sur le champ.

Noues, *nacelles.* Ce sont des espèces de sillons d'écoulement beaucoup plus larges, mais à bords très-adoucis, de manière à former de petits thalwegs qu'on fait passer par les endroits où l'eau pourrait séjourner et aboutir aux fossés de vidange. On forme d'abord une rigole à la charrue, et des ouvriers jettent la terre des bords de chaque côté. La profondeur ainsi que la largeur sont déterminées par les pentes; on y dirige quelquefois les sillons d'écoulement; accidentellement, au moment des grandes eaux, on place de distance en distance des branchages assujettis par des piquets pour arrêter les limons et prévenir le ravinement. Les noues comme les rigoles doivent être nettoyées de temps en temps. Dans les pentes prononcées on peut les gazonner : on obtient ainsi des bandes d'excellents prés; on peut agir de même sur les bords des pièces bombées.

Dans les polders de Hollande, dans les Moëres flamandes et françaises, les marais des Charentes, il existe un ensemble de canaux et de fossés combinés de manière à évacuer toutes les eaux superflues de la couche arable; un avantage de ces fossés est de conserver à une certaine profondeur un niveau et une nappe d'eau qui, par infiltration, fournit l'humidité dans les sécheresses. On trouve également en Italie, dans le Boulonnais, le Milanais, dans les contrées où les arrosages des champs sont pratiqués, des systèmes de colatures, qui s'appliqueraient utilement à l'égouttement des sols humides.

M. Hervé Mangon décrit ainsi un système général de drainage superficiel du Boulonnais et de la Romagne (Italie) : Les champs, dit-il, sont partagés en compartiments de 150 mètres environ de largeur sur 228 de longueur. Ces compartiments sont séparés par des chemins d'exploitation, herbés et en contrebas de 0m20, sur le bord desquels se trouve creusé un fossé d'écoulement communiquant avec la rigole générale de vidange; d'autres rigoles pratiquées tous les 38 mètres amènent l'eau dans les fossés d'écoulement. Enfin, des saignées ou des raies d'égouttement facilitent l'évacuation des eaux dans les rigoles générales.

Sous le nom de *sheep drainage*, Stephens cite un égouttement superficiel qui se pratique dans les pâturages en pente à sol humide et sinueux. On fait à la pioche de petites rigoles en travers des pentes dans la ligne des affleurements des couches argileuses; le fond de la rigole pénètre un peu dans l'argile, et le gazon enlevé appliqué sur le bord inférieur augmente la profondeur de la rigole.

SECTION III — DRAINAGE.

§ Ier. — *Espèce de drainage, terre à drainer.*

Le drainage consiste à donner écoulement à l'eau en excès dans le sol, au moyen de conduits souterrains. Pratiquée depuis des siècles d'une manière plus ou moins régulière, cette opération a été ramenée de nos jours à une méthode mieux raisonnée, plus complète, et l'emploi à peu près exclusif de tuyaux de terre cuite placés dans des tranchées profondes en a fait un art nouveau.

On distingue le drainage *partiel*, limité à quelques lignes de drains et ordinairement appliqué aux sources (on en parlera plus bas), et le *drainage complet* (thorough-drainage), qui s'étend en lignes de drains plus ou moins espacés sur la surface à assainir. Le drainage est encore dit *profond* quand il dépasse 1 mètre, *superficiel* quand il n'atteint pas au moins 0m75. Le drainage avec *pierres*, *fascines* (V. plus bas), forme une variété du drainage à tuyaux que nous allons décrire.

Terres à drainer. La nature du sol, le climat, les pentes, l'exposition déterminent les sols à drainer. En général, sont à drainer les terres humides; toutefois, on drainera sous un climat humide une terre qui s'assainirait d'elle-même sous un climat sec à évaporation abondante; une pente prononcée, une exposition au midi, à l'est, rendront moins nécessaire un drainage qu'indiqueraient des conditions contraires.

Toutes les cultures se trouvent bien du drainage; les prairies non marécageuses ont présenté toutefois quelques exceptions.

§ II. — *Études préparatoires.*

Examen du terrain. Au moment où l'humidité est en excès, on reconnaîtra : les lignes d'écoulement des eaux, les points où elles se rassemblent, les sources qui sourdent superficiellement. Les taches que laisse une humidité permanente, les mares, les anciens fossés, les rigoles tracées, sont autant d'indices pour la direction à donner au drainage.

Sondages. Des trous faits à la bêche, à 2 mètres au moins sur divers points du terrain, feront apprécier la nature du sous-sol, sa consistance, son degré de perméabilité, l'ordre de superposition, l'épaisseur, la nature des couches, la profondeur des eaux souterraines. La sonde indiquée plus loin servira à explorer plus profondément le sol.

MM. Dégousée et Laurent, à Paris, vendent une tarière beaucoup plus complète, pouvant pénétrer jusqu'à 50 mètres. Son prix est de 1,800 fr. environ, avec 3 tarières à 3 ou 4 fr. le kil., manches et clés, 2 à 3 fr. le kil., tiges, 1 fr. 80 à 2 fr. Poids total avec la chèvre, 900 kil.

Le nivellement, toujours utile, est essentiel dans un drainage de quelque étendue. Il a surtout pour but de déterminer le point par lequel on devra écouler les eaux. Quelquefois, il y a lieu d'en tirer parti pour créer un ruisseau, un réservoir d'irrigation, d'empoissonnement, etc.; dans d'autres cas, on déverse les eaux dans un fossé de vidange commun; d'autres fois, on ne peut les écouler que dans les fossés des routes ou sur les propriétés voisines. La loi du 10 juin 1854 décide, art. 1er, que tout propriétaire qui veut assainir son fonds par le drainage ou tout autre mode d'assèchement peut, moyennant une juste et préalable indemnité, conduire les eaux souterraines ou à ciel ouvert, à travers les propriétés qui séparent le fonds d'un cours d'eau ou de toute autre voie d'écoulement. Sont exceptés de cette servitude les maisons, cours, jardins, parcs et enclos attenant à une maison d'habitation. Les propriétaires des fonds traversés peuvent se servir de ces travaux, en contribuant aux dépenses et à l'entretien. Plusieurs propriétaires peuvent se constituer en syndicat pour de grands travaux de drainage, et les travaux de ces syndicats sont déclarés, s'il y a lieu, d'utilité publique, avec faculté d'expropriation dans les conditions de la loi du 21 mai 1836.

Le juge de paix connaît en premier ressort des contestations auxquelles peut donner lieu l'exercice de cette servitude et la fixation de l'indemnité; faute de vidanges on peut avoir recours aux boitouts, ressource rarement suffisante du reste.

On calculera le débouché des eaux, non seulement sur la profondeur réelle des vidanges, mais sur le niveau habituel de l'eau dans ces vidanges, niveau qui doit être inférieur à l'orifice de sortie du tuyau, afin d'éviter le retour de l'eau dans les drains lors des crues.

Le plan de nivellement, qu'on obtient quelquefois gratuitement des agents locaux des ponts et chaussées, fait connaître le relief du terrain, les lignes de plus grande pente, la position des collecteurs, les points de décharge des eaux, la profondeur des drains à leur point de départ et à leur sortie, les regards, enfin, toutes les indications utiles, telles que sources, roches, sondages, nature du sol, haies, arbres, etc.

§ III. — *Prévisions et provisions.*

Devis. Avant de commencer l'entreprise, on en déterminera les conditions et le *devis;* si la terre est affermée à long bail, le possesseur fait quelquefois les frais du drainage; avec un bail ordinaire, le propriétaire prend ordinairement part à la dépense, ou l'exécute moyennant la rente à 4 ou 5 p. 100 par le fermier de l'argent dépensé. Dans le système de métayage, les conditions varient suivant la part des produits afférente au colon; mais généralement le propriétaire fait la dépense, et retient dans le partage des fruits une quantité équivalente à la rente à 5 p. 100 de la somme par lui dépensée.

Le cultivateur fait faire le drainage lui-même si l'opération est peu considérable, ou par un entrepreneur draineur, d'après *un plan et un devis* bien arrêtés. Dans ce cas, les ouvriers sont quelquefois fournis à l'entrepreneur ou amenés par lui; le cultivateur devra toutefois surveiller avec soin les travaux et principalement la pose des tuyaux, le remplissage des drains, etc.

On déterminera au moins six mois d'avance le terrain qu'on drainera, l'époque où il aura lieu, les cultures qui suivront le drainage.

Ordre des travaux. Le champ à drainer le premier sera le champ le plus bas, le plus humide; la rotation des pièces sera combinée de manière à ce que la culture de la pièce drainée soit en rapport avec l'opération. On fera coïncider, par exemple, le drainage avec la sole formant tête de rotation, avec un marnage, un chaulage, un défoncement, suivi de plantes sarclées; on choisira encore une prairie artificielle ou une pâture à rompre; la terre est plus ferme et supporte mieux les charrois.

Epoque. Ordinairement l'automne; cependant, le travail se fait bien au printemps et jusque dans l'été, mais dans ce dernier cas, on est amené à une jachère; la facilité de trouver des ouvriers, la nécessité de les occuper, l'état du sol ou des emblaves régleront l'époque.

Provisions. On fera sa provision de tuyaux d'avance; alors on peut charrier à loisir, choisir les meilleurs tuyaux, les soumettre à un essai qui consiste principalement à les laisser tremper quelque temps dans l'eau pour juger de la dureté et de la cuisson et vérifier la présence de noyaux calcaires.

§ IV. — *Drains et tuyaux.*

A. — Drains.

Les drains sont les tranchées destinées à recevoir les tuyaux. On les divise, comme les tuyaux, en drains *simples* ou d'assèchement, ne recevant l'eau que du sol, et en *collecteurs* réunissant les eaux d'un certain nombre de drains simples. Les drains simples sont désignés par le diamètre des tuyaux; les collecteurs sont de *1er ordre* quand ils reçoivent directement les drains simples, les collecteurs de 2e *ordre* reçoivent ceux de 1er ordre, ceux de 3e *ordre* les drains de second ordre.

Les tuyaux, qu'on ne doit pas confondre avec les matériaux de remplissage, pierres, fascines, dont on parlera plus loin, sont à peu près exclusivement en terre cuite; les conduits de bois foré ou de pierres, trop dispendieux, sont abandonnés. Les tuyaux doivent être d'une argile convenable, homogène, sans rognons calcaires, ni pierres; ils doivent être très-droits, bien cuits, sonores, résistants, peu fragiles, ne se délitant pas à l'humidité, exempts de bavures, de rugosités.

La forme. Le tuyau cylindrique (fig. 2), comme plus facile à fabriquer économiquement et à disposer dans les drains, a été préféré au tuyau à section ovale (fig. 3), plus favorable peut-être à l'écoulement de l'eau. La longueur varie de 0m30 à 0m33; ils sont posés bout

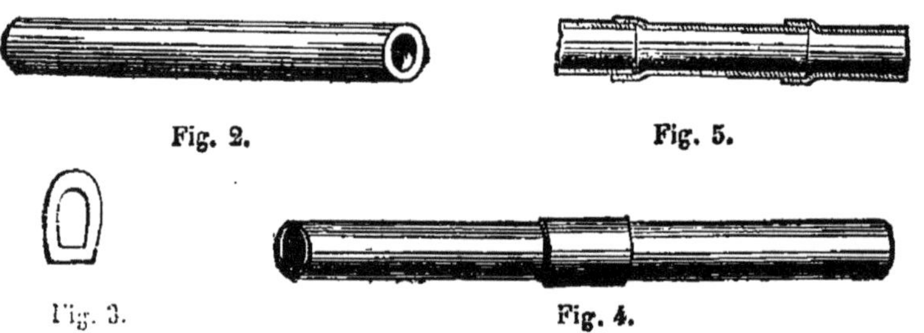

Fig. 2. Fig. 5.

Fig. 3. Fig. 4.

à bout, de manière à ce que leurs axes correspondent. On les maintient par un tesson placé à la partie supérieure, ou par des manchons (fig. 4). Les manchons ont l'avantage dans les terrains peu consistants, les tourbes, les sables mouvants; on leur reproche de tenir le tuyau un peu distant du sol, d'augmenter la dépense, de moins bien égoutter. On fait des tuyaux à emboîtement (fig. 5). M. Salomon fils a été breveté pour tuyaux de cette forme.

Dimensions. Le tableau suivant donne les dimensions les plus habituelles :

Diamètre. Intérieur.	Épaisseur.	Longueur.	Poids du tuy.	Prix moyen le mil.
0m 025	0m 007	0m 30	0k4 à 0k5	15 à 18
0 030	0 0075	0 33	0 5 0 6	18 21
0 035	0 09	0 33	0 6 0 7	22 28
0 040	0 10	0 36	0 7 0 8	25 30
0 045	0 12	0 36	0 9 0 95	30 35
0 050	0 125	0 38	1 0	35 40
0 060	0 14	0 38	1 1 1 2	45 52
0 070	0 16	0 38	1 4 1 5	52 60
0 080	0 18	8 38	. . . . .	60 70
0 100	0 18	0 38	. . . . .	70 80

585 tuyaux de 0,025, 390 de 0,030, empilés, occupent un mètre superficiel ; un mètre cube en contient 1,751 de 0,025, et 1,171 de 0,030.

§ V. — *Direction des drains.*

En général, suivant la plus grande pente, en ligne droite, et parallèles entre eux, comme on le voit figure 18, ils sont à peu près perpendiculaires aux lignes de niveau, que représentent dans la figure les courbes irrégulières cotées de 34 à 51. Le principe de la direction d'après la plus grande pente est fondé sur les raisons suivantes : 1° l'eau s'écoule plus facilement et plus rapidement; 2° les drains en travers ne reçoivent l'eau, dans les pentes surtout, que d'une manière inégale de chaque côté. Les drains dans le sens de la pente recevant l'eau également des deux côtés, peuvent être plus espacés; 3° les couches aquifères, comme les autres, aboutissent d'ordinaire transversalement dans les pentes; un drain transversal pourrait passer parallèlement sans les atteindre, tandis qu'il les traverse si on lui donne une direction contraire. A Kleythorpe (Angleterre), par suite d'une disposition particulière du sous-sol de glaise en billons relevés et séparés par des petits thalwegs, le drainage oblique à la ligne de plus grande pente a été pratiqué avec avantage. M. Arabert dans les Landes, M. Schoubart dans le Bas-Rhin, se seraient bien trouvés de cette direction des drains.

On doit éviter dans les lignes les courbes ou les coudes, qui amènent l'engorgement des tuyaux. En tous cas, on doit faire ces courbes d'un rayon de 5 à 6 mètres au moins, en donnant plus de pente en cet endroit. Le *parallélisme* des drains est nécessaire pour l'égouttement régulier ; on s'en écarte seulement dans le drainage des sources.

Les collecteurs de dernier ordre se placent ordinairement dans les thalwegs, de manière à aboutir aux vidanges, comme le drain *e* (fig. 18), ou dans la partie basse, comme *a*, quelquefois dans la même direction que les drains simples quand ils reçoivent d'autres drains, comme le drain *f*. D'autres fois, ils sont simplement transversaux aux drains d'assèchement, qu'ils reçoivent quand la ligne en est trop longue.

Les drains d'isolement destinés à couper les eaux affluentes d'une pièce voisine sont parallèles aux limites de cette pièce; on les dispose cependant de manière à ce qu'ils puissent se rendre dans les collecteurs et les vidanges générales. Un obstacle, des haies, des arbres, peuvent accidentellement modifier la direction. On conseille de ne pas approcher à plus de 10 mètres des arbres, des essences à bois blanc principalement, dont les racines pourraient pénétrer dans les tuyaux. Ce fait observé quelquefois semble cependant ne se produire que dans les tuyaux continuellement pleins à l'intérieur, et pour quelques bois blancs; les racines de vigne ne paraissent pas pénétrer; on peut toutefois dans le passage près des arbres cimenter les joints.

§ VI. — *Écoulement des eaux dans les drains.*

Cet écoulement n'a lieu que très-exceptionnellement à plein tuyau ou à gueulebée. M. Grandvoinnet a calculé que, dans une pluie exceptionnelle de 0m50, un tuyau de 0m25 avec un espacement exagéré de 20 mètres, n'aurait à écouler que 3 millilitres par seconde. En général, l'eau ne remplit qu'une petite portion et suit en conséquence la loi de l'écoulement de l'eau dans un canal. Il est modifié par le diamètre des tuyaux, la longueur des lignes, la pente.

Diamètre. Le volume écoulé paraît être proportionnel à la section d'eau multipliée par la vitesse; la section d'eau dans deux tuyaux également pleins augmente comme le carré de leurs diamètres : ainsi, un tuyau double en diamètre écoulerait quatre fois plus d'eau. Mais ce rapport, si les tuyaux sont incomplètement remplis, se modifie par suite du frottement de l'eau sur les parois, frottement relativement plus considérable pour un même volume d'eau dans un petit que dans un grand tuyau.

Longueur des lignes. L'eau des tuyaux supérieurs passant dans les tuyaux inférieurs, la quantité à écouler augmente nécessairement dans une certaine proportion.

Pente. La vitesse d'écoulement s'accroît comme la racine carrée des pentes, c'est-à-dire qu'elle est double quand la pente est quadruple; la profondeur du drain exerce sur l'afflux de l'eau dans le drain une action analogue.

Une pente de 2 et même de 1 millimètre par mètre peut suffire avec des tuyaux, mais elle doit être au moins de 5 à 6 millimètres pour les drains en pierres ou en fascines. Si les pentes étaient trop rapides et pouvaient amener la dégradation des travaux, on placerait les drains un peu obliquement aux pentes, ou bien on rachèterait celles-ci en coupant les lignes par une tranchée en pierres dans laquelle on placerait les tuyaux qui continuent ces lignes un peu plus bas que ceux qui aboutissent dans la tranchée. Un regard remplira le même office pour des collecteurs.

On distribue les pentes de manière à ce qu'elles augmentent de l'amont à l'aval. On tracera le fond des drains en ligne droite sans se préoccuper des légères inégalités du sol, à moins que la ligne de surface ne décrive une courbe à peu près uniforme, n'affectant pas sensiblement la pente et la pose des tuyaux.

§ VII. — *Profondeur des drains.*

Elle varie communément de 0m60 à 1m50 et 2 mètres dans des cas exceptionnels; profondeur moyenne 1m10. Dans un drainage profond, l'eau arrive sous une pression plus grande et s'écoule plus vite; sous cette pression, il se forme dans le sol des fissures et des stries qui favorisent l'écoulement du liquide et l'accès de l'air, et préviennent la formation des tufs siliceux; le drainage profond permet seul les labours de défoncement, et met les tuyaux à l'abri des racines; on ne se départit de ce principe que dans des cas exceptionnels de manque de pente, d'inégalité du sol, dans une argile complètement plastique (terre à pot), dans un tuf siliceux.

§ VIII. — *Écartement des drains, diamètres, longueurs.*

Des tuyaux d'assèchement de 30 millimètres de diamètre sont suffisants dans tous les cas, sous nos climats, pour évacuer l'eau pluviale; c'est en rapprochant plus ou moins les lignes qu'on règle l'évacuation d'une manière convenable. La quantité d'eau à écouler dans un temps donné, la force d'évaporation du climat et sa chaleur, la nature du sol et ses pentes, la profondeur des drains doivent déterminer cet écartement.

Dans les drainages complets du nord et du centre, avec des conditions d'humidité et de pente ordinaire, un espacement moyen de 15 mètres et une profondeur de 1m20 suffisent à l'égouttement. Dans une terre très-compacte, l'opération est plus certaine avec 10 mèt., ou 8 mètres dans des cas exceptionnels; et dans un climat très-humide, au-delà de 20 mètres d'espacement, le milieu de l'espace qui sépare les drains n'est assaini que dans une terre perméable et avec une profondeur de drain de 1m30 à 1m40.

Théoriquement, l'écartement pourrait être augmenté à peu près comme la racine carrée de l'accroissement des pentes. Ainsi, en supposant un espacement de 10 mètres, une profondeur de 1 mètre et une pente de 0,002, l'écartement serait pour 0,009 de 15 mètres, pour une pente de 0,016 de 20 mètres, pour une pente de 0,025 de 25 mètres; cette proportion ne peut être vraie que dans certaines limites. Avec une très-forte pente, ces drains agissent peu sur l'eau pluviale, qui coule avant de pénétrer dans le sol; mais il en est autrement des eaux d'infiltration.

Le rapport de la profondeur de l'espacement a été également déterminé théoriquement par quelques personnes. M. Grandvoinnet a conseillé, avec

Une profondeur de....	0m9	1m0	1m1	1m2	1m3	1m4	1m5	1m6
Un espacement de....	8 5	10	12	14	17	21	25	29

Ces rapports sont assez conformes aux faits, mais il en est autrement pour de plus grandes profondeurs ou de plus larges espacements; on rentre alors dans les cas spéciaux du drainage des sources et de l'évacuation de nappes souterraines.

Drains d'essai. En tout cas, il sera convenable de faire, comme le conseille M. Hervé Mangon, un drain d'essai de la profondeur qu'on veut donner au drainage et ayant un écoulement. On ouvre latéralement, à diverses distances du drain, à 5, 8, 10 mèt., des trous de 0m50 de diamètre sur autant de profondeur. On observe, au moment où le sol est le plus imprégné d'humidité, le niveau de l'eau dans ces trous; le plus éloigné où l'action du drain se fait sentir indique à peu près le point intermédiaire entre deux drains.

Longueur des lignes de drains. Les drains inférieurs recevant l'eau des drains supérieurs et les collecteurs celle d'un ensemble de drains, il existe un certain rapport entre ces longueurs et le diamètre des tuyaux. La quantité d'eau à écouler, la pente et d'autres causes locales réagissent sur la solution de cette question. On a donné à cet égard des chiffres théoriques qui peuvent servir toutefois comme point de départ. M. Barral (*Drainage*, 4e vol.) donne des tables dont nous extrayons seulement quelques chiffres.

Tuyaux d'assèchement de 0m030 de diamètre.

Espacement de 10m et pente de....	0,002	0,004	0,006	0,008	0,010
Longueur des lignes en mètres....	175	250	300	358	400
Espacement de 15m et pente de....	0,002	0,004	0,006	0,008	0,010
Longueur des lignes en mètres....	0,125	0,175	0,200	0,250	0,280

Collecteurs. Le diamètre et la longueur des collecteurs doivent être en rapport avec la quantité d'eau qu'ils sont destinés à recevoir, quantité proportionnelle elle-même à la surface assainie, mais elle augmente avec la pente du collecteur lui-même. D'après une table calculée par M. Grandvoinnet, la surface drainée dont l'eau pourrait être évacuée par des collecteurs de différents diamètres serait à peu près dans les rapports suivants :

La première ligne indique le diamètre des collecteurs; la deuxième et la troisième, la surface en ares, dont le collecteur peut évacuer l'eau avec des pentes de 2 à 8, de 10 à 20 millimètres.

1° diamètre en millim..	50	60	70	80	90
2° pente de 2 à 8mm.....	28 à 84	40 à 150	55 à 200	70 à 300	90 à 400
3° pente de 10 à 20mm...	60 à 120	100 à 200	200 à 300	300 à 450	200 à 600

Ce ne sont là que des chiffres approximatifs que les circonstances peuvent modifier; en général, on emploie rarement des tuyaux de plus de 0m080 de diamètre. Le diamètre le plus ordinaire est de 0m040 à 0m060.

Le diamètre du collecteur devra également augmenter avec sa longueur. En tout cas, il est convenable que celle-ci ne dépasse pas 300 à 400 mètres ; si les décharges étaient très-éloignées, on creuserait des fossés de vidange.

Le nombre des tuyaux se détermine d'après l'espacement. Ainsi, à 12 mètres d'écartement, on emploiera 833 mètres 33 de tuyaux ou 2777 tuyaux de 0m30 de longueur. On compte toujours 6 p. 100 de déchets. Le nombre des collecteurs ou drains simples varie beaucoup, suivant les dispositions des pièces. On déduit facilement de plusieurs exemples un rapport moyen de 9 à 21 mètres de collecteurs de différents diamètres pour 100 mètres de drains ordinaires.

§ IX. — *Exécution du drainage.*

A. — Tracé des drains.

Jalonnage et piquetage. A l'aide des points de repère que présentent les clôtures, les arbres, etc , du champ, on détermine, sur le terrain, la position des drains tracés sur le plan, et en s'aidant de la chaîne d'arpenteur, on trace d'abord la ligne des drains collecteurs en plaçant des jalons à leurs extrémités et aux angles. On indique ensuite la position des petits drains en plaçant également un jalon à chacune de leurs extrémités, et un ou deux autres dans l'intervalle de ceux-ci. On peut fixer par un sillon de charrue la ligne tracée par les jalons.

On enfoncera ensuite de forts piquets en bois de 0m50 environ de longueur, à 0m50 environ de la ligne indiquée par les jalons, toujours du côté opposé à celui où les ouvriers doivent jeter la terre. On les place à l'extrémité des drains, et à 50 mètres environ les uns des autres. On enfonce d'ailleurs un piquet à tous les points de changement de pente des drains; les piquets sont rattachés à l'aide du niveau aux points qui ont servi au nivellement du plan lui-même, et on les enfonce de manière que les sommets de ces piquets soient tous à la même hauteur au-dessus du fond des tranchées; chaque piquet porte le numéro d'ordre assigné sur le plan au drain auquel il appartient.

Outils de drainage. Ces outils varient un peu de forme, mais se rapprochent beaucoup de ceux représentés par les figures suivantes :

Pic-pioche (fig. 6), fer de 0m80, poids 3 à 5 kilog., prix : 5 à 6 fr. *Pic à pédale* anglais, 6 à 10 fr.

Fourche (fig. 9); fer, hauteur 0m40, largeur 0m24, prix : 4 fr.

Louchet (fig. 11); manche à béquille de 0m40, fer, hauteur 0m38, largeur en haut 0m18, en bas 0m12, prix : 6 fr.

Pelle de terrassier à manche coudé (fig. 10); fer, hauteur 0m30, largeur en haut 0m24, manche 1 mètre, prix : 3 fr.

Drague plate ou curette de fond (fig. 15); fer, longueur 0m24, largeur 0m13, manche 1m80, prix : 4 fr.

Bêche intermédiaire à pédale, nº 1 (fig. 12); fer, longueur 0m45, largeur en haut 0m13, en bas 0m08; manche à poignée 0m80, prix : 7 à 8 fr.

Bêche de fond à pédale, nº 2 (fig. 13); longueur 0m35, largeur en haut 0m13, en bas 0m07, prix : 7 à 8 fr.

Bêche de fond à pédale, nº 3 (fig. 14); longueur, 0m40, largeur en haut, 0m12, en bas, 0m09, prix : 7 à 8 fr.

Pose-tuyaux et manchons (fig. 8), prix : 3 fr.

Plusieurs fabricants français, tels que MM. Falatieu, Hildebrand, Laurent, Pelletier, fournissent aujourd'hui aux draineurs de bons outils, rivalisant avec ceux des fabriques anglaises, et dont il existe d'ailleurs des dépôts à Paris, chez M. Ganneron.

On ajoute quelquefois le tour à pédale anglais, auquel les ouvriers anglais sont d'ailleurs peu habitués, mais des ouvriers intelligents exécuteront le travail avec les outils indiqués plus haut, et en partie même avec les outils de la localité légèrement modifiés.

Dimensions des tranchées. Elles doivent être réduites au

Fig. 6.

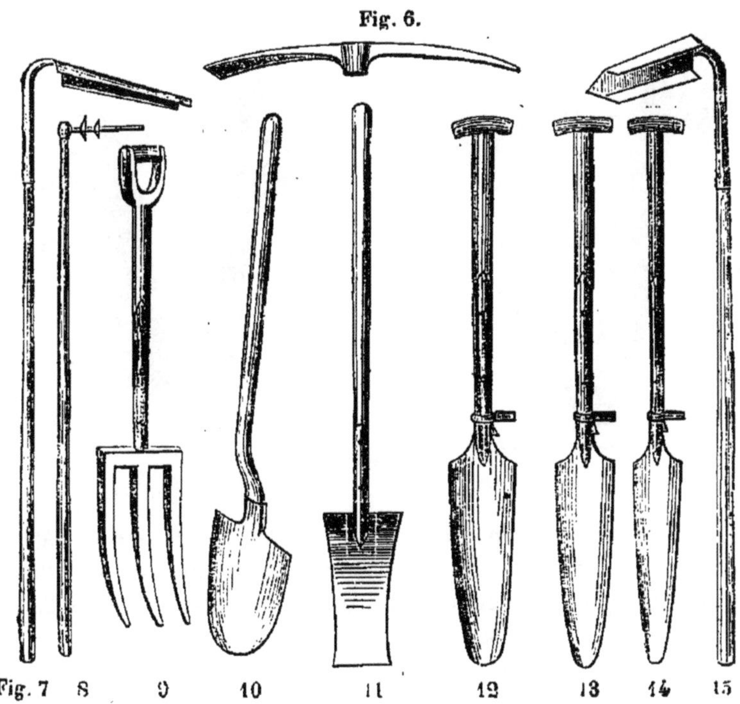

Fig. 7 8 9 10 11 12 13 14 15

plus petit déblai possible ; en terre de consistance moyenne, elles ont assez ordinairement les proportions suivantes :

Profondeur	1^m 50	1^m 35	1^m 10	1^m 00	0^m 90
Largeur à l'ouverture	0 60	0 50	0 45	0 40	0 36
Largeur au fond	0 15	0 15	0 08	0 08	0 07
Cube de terre par mèt. courant.	1 75	0 66	0 62	0 57	0 48

Dans des terres moins consistantes, des argiles coulantes, des sables, on augmente l'ouverture et le talus, on remplit les drains plus rapidement. Si le terrain est pierreux et que l'ouvrier doive travailler au pic, on ouvre la tranchée plus large jusqu'à une certaine profondeur. Les figures 16 et 17 donnent les profils de deux tranchées dans les conditions les plus ordinaires.

Ouverture des tranchées. On commencera par ouvrir le collecteur général et ensuite les collecteurs particuliers, en partant du point le plus bas. Ainsi, dans le drainage figure 18, on ouvrirait, si on devait commencer par la partie gauche, le drain *a* dans sa longueur ; on ferait ensuite le 2e collecteur *d*, puis les drains de 3e ordre qui y correspondent.

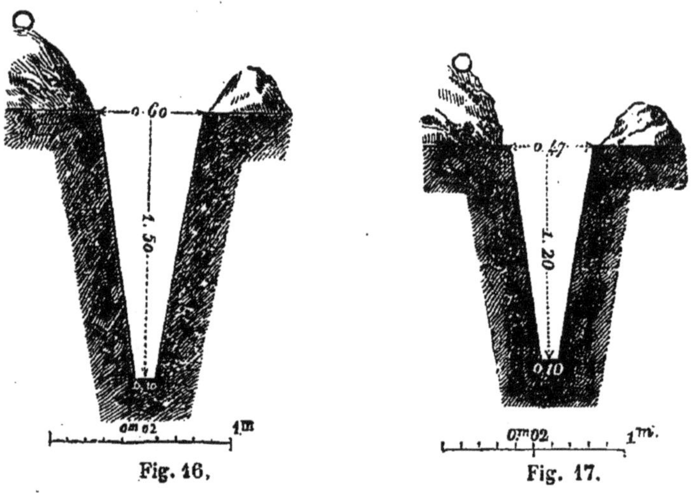

Fig. 16. Fig. 17.

Pour procéder économiquement et avec ordre, on partage les ouvriers en brigades de trois hommes, système de M. Stephens (M. Leclerc propose des brigades de cinq hommes, plus difficiles à former). Le premier ouvrier trace la tranchée; à cet effet il pose successivement à 0m18 ou 0m20, de chaque côté de la ligne jalonnée, un cordeau de 20 à 25 mètres de long et fait une trace avec le tranchant de la bêche ou du louchet (fig. 11); dans une terre très-gazonnée, on peut employer la hache des prés (fig. 50); dans un champ en guéret, on peut de suite enlever de chaque côté à la bêche dans la largeur de la moitié de la tranchée une bande de 0m30 de profondeur, qu'on dépose sur le côté de la tranchée opposé à celui où seront rejetées les autres levées. Dans les terrains très-tenaces on emploie la fourche, dans le Midi la pelleverse (voir plus bas); dans les parties pierreuses ou tuffeuses le pic (fig. 6). Ce travail étant commencé sur 5 à 6 mètres, le premier ouvrier déblaie avec la pelle (fig. 10). Un deuxième ouvrier fait une seconde levée de 0m30 à 0m34 avec la bêche no 1, puis une troisième avec la bêche no 2. Le troisième ouvrier déblaie à la drague plate (fig. 15), s'il est nécessaire, puis avec la bêche no 3 (fig. 14), au fer plus étroit et d'une section plus courbe comme une gouge; il fait une dernière levée qui atteint à peu près la profondeur voulue. La petite gouge coudée (fig. 7) lui sert à relever la terre émiettée ou tombée de la bêche.

Le louchet et la bêche à béquille se manœuvrent ainsi : l'ouvrier

Fig. 18.

saisit à deux mains la béquille, soulève l'outil et l'enfonce verticalement ; puis, posant son pied, dont le soulier est garni quelquefois d'une demi-semelle en forte tôle, sur la pédale, il pèse de tout son poids pour enfoncer l'instrument, fait osciller légèrement le manche pour bien détacher la motte. La bêche nº 3 à poignée se manie avec moins d'effort : l'ouvrier la fait vaciller d'une main et la soulève de l'autre. En terrain pierreux, le travail peut se décomposer ainsi, en deux temps, d'après M. Grandvoinnet. Premier temps : le premier ouvrier trace, découpe et enlève le premier fer, le second ouvrier fouille le deuxième, le troisième ouvrier déblaie devant le deuxième. Deuxième temps : le premier ouvrier déblaie devant les deux autres, le deuxième ouvrier fouille le troisième fer, le troisième ouvrier fouille le quatrième fer.

D'après Stephens : premier temps, le premier ouvrier trace au cordeau, déblaie et régularise après les deux autres ouvriers, qui enlèvent à la bêche le premier et le deuxième fer. Deuxième temps, le deuxième et le troisième ouvrier ouvrent, font les deux dernières levées, le premier ouvrier nettoie et régularise la tranchée.

Dans le système des brigades de cinq ouvriers indiqué par M. Leclerc, le premier fait une levée en allant à reculons ; le deuxième, en s'avançant vers lui, déblaie ; le troisième ouvrier fait une deuxième levée que le troisième ouvrier déblaie de la même manière. Le quatrième ouvrier fait une troisième levée qu'il déblaie lui-même ; le cinquième achève et règle le fond de la tranchée qu'il nettoie à la drague ronde.

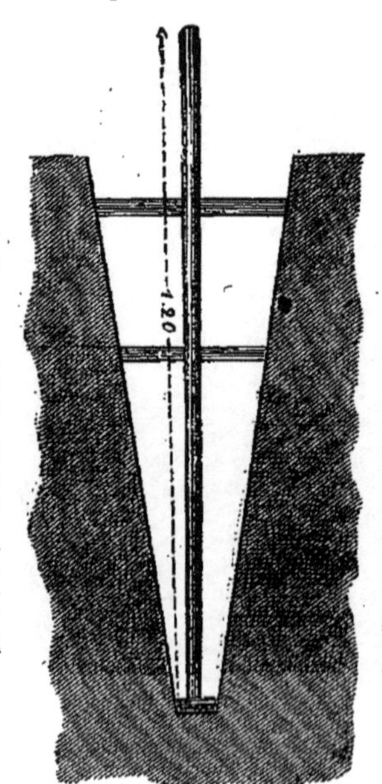

Fig. 19.

Du reste, on donne le travail à la tâche ou à l'entreprise, et les brigades règlent assez ordinairement leur travail de la manière la plus convenable.

Quantité de travail. Un atelier de trois hommes peut faire en terrain ordinaire 60 mètres de tranchée de 1m20 de profondeur, largeur à l'ouverture de 0m50, en bas de 0m08, équivalant à 0 m. c. 34 par mètre. Ce travail se réduira en argile forte à 12 mètres, même terre avec pierres, 10 mètres ; tuf dur, 6 à 7 mètres.

Réglement et vérification de la pente. On s'aidera ici des piquets dont nous avons parlé, page 26. Si ces piquets ne sont pas assez rapprochés, en bornoyant les têtes de deux de ces piquets, on en place entre eux un ou plusieurs autres, dont le sommet passe par celui des deux premiers. On tend alors fortement un cordeau passant sur les têtes de ces piquets, et qui sera alors parallèle au fond de la tranchée à établir. Il suffira donc, pour déterminer ce fond, d'une croix en bois léger (fig 19) qu'on appuiera sur le fond de la tranchée. Mais un procédé, plus expéditif et plus commode, consiste à enfoncer horizontalement dans la face presque verticale de la tranchée (fig. 20), au droit des gros piquets *aa* primitivement placés, et à 0m40, par exemple, au-dessus de leur tête, de petits piquets provisoires *b* entre lesquels on tend le cordeau; il suffit alors d'une simple baguette d'une longueur égale à la distance qui doit exister entre cette ligne *bb* et le fond de la tranchée, pour reconnaître les

Fig. 20.

endroits qu'il faut remblayer ou approfondir. Lorsque le fond du drain a été bien arrondi à la curette, le damage nous paraît inutile.

La **vérification des pentes** se fera avant la pose des tuyaux, à l'aide d'un gabarit, espèce de croix analogue à celle de la figure 20, qui porte un croisillon au niveau de l'ouverture, et mesure à la fois la largeur et la profondeur, ou à l'aide de nivelettes; on place deux des mirettes au droit des deux piquets de repère *aa* (fig. 20), en s'assurant au moyen d'une équerre, par exemple, que leur pied est à la distance voulue au-dessous de ces piquets; puis, se plaçant en arrière de ces nivelettes *b* et bornoyant la ligne de la seconde *b'*, on dispose sur divers points du fond de la tranchée une troisième mirette dont le sommet doit toujours affleurer la ligne de visée (M. Hervé Mangon). On vérifie en même temps les talus des drains pour les consolider à l'aide d'étrésillonnements dans les points où cela serait nécessaire. Dans les terres coulantes, dans celles qui se divisent ou se délaient facilement, on devra poser et remplir le plus tôt possible après la fouille.

Pose des tuyaux. La tranchée faite, les tuyaux qu'on a préalablement déposés dans différentes parties du champ sont répartis le long des drains et placés sur les déblais en nombre suffisant à la portée du poseur. Les tuyaux se posent à la main quand on peut atteindre au fond de la tranchée, mais plus fréquemment avec le crochet poseur (fig. 8). Le tuyau a été préalablement posé en travers, tous les 30 centimètres environ, par un enfant; le poseur, placé au-dessus de la tranchée, un pied sur chaque bord, introduit son crochet dans le tuyau, le descend, le pose en mettant l'extrémité en contact avec le dernier placé, retire la broche et frappe légèrement sur le tuyau pour le consolider. Si la pose se fait avec manchons, l'aide enfile d'abord le manchon dans le tuyau, et le poseur enfonce le crochet du côté du manchon qui s'arrête, soit à la tige même de l'instrument, soit à une deuxième rondelle qu'on ajoute dans ce cas : quelquefois on couvre seulement les joints avec des demi-manchons ou des tessons qu'on pose à la main avec une grande pince en bois.

Raccordement des tuyaux. On emploie quelquefois des tuyaux disposés pour le raccordement, soit par un trou rond déjà ouvert dans l'un des tuyaux, soit par un tuyau à embranchement; mais l'angle des raccordements et l'ouverture préparée pouvant souvent n'être pas en rapport avec la condition du raccord à faire, on préfère généralement pratiquer, à l'aide d'un marteau à pointe d'acier (fig. 21), une ouverture circulaire dans un tuyau au point du raccordement; à cet effet, le tuyau est mouillé, puis on trace l'ouverture et on separe à petits coups la pièce circonscrite. Pour les tuyaux d'égal diamètre, on peut faire arriver les extrémités à raccorder dans un plus grand tuyau formant manchon. La jonction se fait au moyen d'un trou pratiqué dans ce manchon entre leurs extrémités. Dans deux tuyaux inégaux, le raccordement se fait toujours de manière que leurs sommets supérieurs soient de niveau (fig 22).

Les regards ont pour objet : 1° de raccorder plusieurs collecteurs se réunissant en un point à des niveaux inégaux; 2° de fournir un moyen de vérifier si les collecteurs fonctionnent; 3° de former un puisard où se déposent les eaux troubles que pourrait amener un drainage supplémentaire. On fait ces regards (fig. 23), soit avec des tuyaux de grand diamètre placés verticalement, soit en maçonnerie ; l'ouverture supérieure, fermée par une petite dalle, est à 1m40 au-dessous du sol.

Fig. 21.

Fig. 22.

Fig. 23.

Fig. 24.

Les bouches d'évacuation doivent être, pour plus de précaution, protégées par un petit parement en briques ou maçonnerie ; une petite grille faite de fils de fer (fig. 24), repliée, placée entre le dernier et l'avant-dernier drains, formeront obstacle à l'introduction des petits animaux. Le remplissage se fait à la pioche, à la houe, au crochet ou avec les outils analogues du pays. Quelquefois on achève avec une charrue dont le versoir est remplacé par une planche. Plusieurs appareils propres à remplir les drains, et même à poser les tuyaux, ont paru dans divers concours, tels que la machine de Fowler, grand appareil mû par la vapeur, la charrue à drainer de Pearson, celle de Van Maële. Ces appareils n'ont pas passé dans la pratique.

§ X. — *Drainages spéciaux.*

A. — Pierrés, coulisses, fascines.

Drainage avec pierres. Ce mode est employé sur beaucoup de points de la France depuis un temps immémorial, sous les divers noms de *coulisses, pierrés,* dans le Nord, *ouitdes* dans le Var, *valas-ratiés* dans le Gard, *chelsadas* dans la Lozère, *clapisse* dans l'Isère. On le retrouve dans la Creuse, les Vosges et tous les pays montagneux. Ce mode de drainage peut être appliqué lorsque la pierre est abondante et qu'on a besoin de s'en débarrasser, et encore dans le voisinage des plantations où on pourrait craindre l'obstruction des tuyaux par les racines. Toutefois, ce drainage exige plus de fouilles, plus de transport et de main-d'œuvre, et s'obstrue plus facilement.

Exécution. Une tranchée de 1m50 de profondeur, de 0m60 à l'ouverture et de 0m30 au fond (ces dimensions peuvent varier) (fig. 25), est remplie à 0m35 de pierres dures, anguleuses, passées à la claie. Les plus grosses sont placées au fond. On superpose quelquefois un

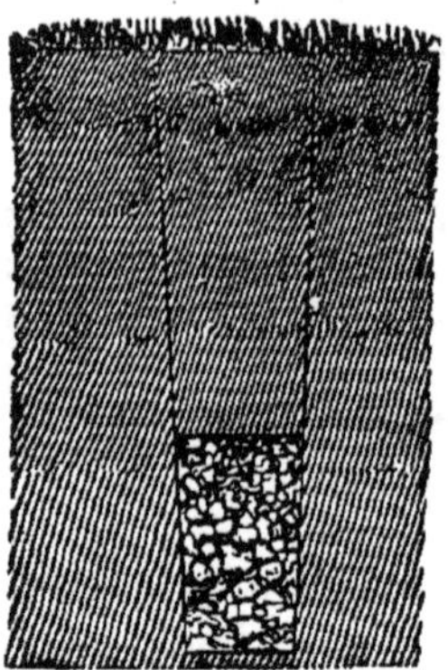

Fig. 25.

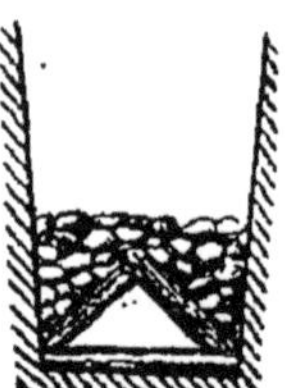

Fig. 26.

gazon l'herbe en bas, et on remplit. Dans certains cas on établit au fond un petit chenal formé de pierres plates (fig. 26).

Drainage avec fascines, fagots, etc. Lorsque les brindilles, les éclaircies de jeunes pins, etc., ont peu de valeur, on en garnit quelquefois le fond des drains; quelques personnes y superposent de la mousse. Ces drains sont peu durables, s'obstruent aisément, altèrent parfois jusqu'à un certain point les eaux qui en découlent. Les tuyaux de bois, de pierres, accidentellement employés, sont trop coûteux.

B. — Drainage vertical.

On a essayé avec succès, pour les terrains ayant un sous-sol imperméable, superposé à une couche absorbante, des trous de sonde pratiqués de distance en distance, dans lesquels on fait pénétrer une certaine longueur de tuyaux. M. Hervé Mangon conseille, pour les terrains boueux et sourceux, un drainage de cette espèce, dont la figure 27 présente la coupe. On n'a recours à la petite voûte en pierres sèches et aux drains rapprochés, indiqués dans la 2e partie de la figure, qu'en cas de surabondance des eaux et pour réunir des drains de décharge. Lorsque la couche absorbante est à une certaine profondeur, on pratique un puits absorbant qu'on creuse

Fig. 27.

jusqu'à la couche aqueuse, et qu'on remplit de pierres. Au-delà de 4 à 5 mètres, dans des terres peu solides, on termine le puits par un coup de sonde de 0m5 à 0m7 de diamètre (fig. 28).

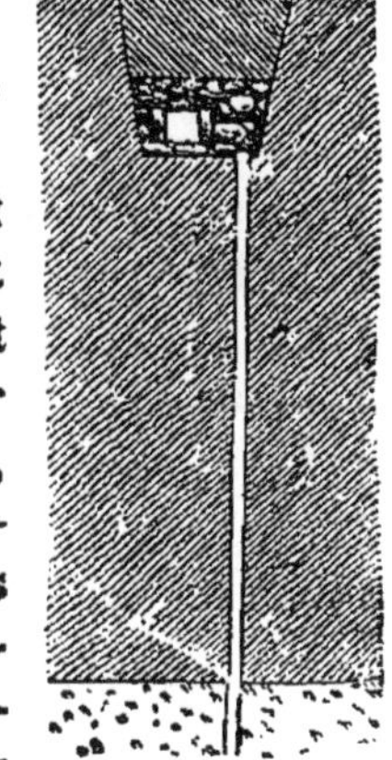

Fig. 28.

M. Rerolle a pratiqué, à la Saussaye, un drainage vertical formé de tuyaux s'enfonçant d'un mètre environ dans un trou dont la capacité restante est remplie de quelques cailloux ; ces tuyaux viennent se raccorder à une ligne de drains complètement étanches ; l'eau pénètre dans ces drains par leur partie inférieure. Les avantages de ce drainage, plus dispendieux d'ailleurs que le drainage ordinaire, seraient de prévenir l'obstruction des drains par les racines, par les eaux chargées de silice gélatineuse ou d'oxide de fer ; d'empêcher l'écoulement dans les drains des sables coulants, et les affaissements qui se produisent à la suite.

C. — Drainage partiel.

Un drainage partiel pourra, dans beaucoup de cas, suffire pour assainir un terrain; par exemple : 1° en cas d'infiltration d'un champ supérieur, on coupera les infiltrations par un drain; 2° si l'humidité provient d'une nappe souterraine se maintenant à un niveau trop élevé, un drain de fort calibre appliqué dans une partie basse, dans une mare par exemple, réduira le niveau ; 3° si l'humidité est due aux eaux retenues par une couche absorbante placée entre deux couches imperméables, un drain, pénétrant dans la couche qui forme en quelque sorte réservoir, pourra en soutirer l'eau et l'écouler dans une fosse de décharge ; 4° lorsque des sources sourdent dans le travers d'une pente au point de superposition d'une couche perméable à une couche imperméable, on pourra, à l'aide d'un drain entamant un peu de cette dernière couche, couper ces sources et les conduire en un point du thalweg. On rassemble les sources à l'aide d'épis en *patte d'oie* pour les faire converger vers un collecteur. C'est en général ce drainage qui existe sur un grand nombre de points de la France sous le nom de coulisses.

Le drainage incomplet doit être distingué du drainage *partiel*. On pratique quelquefois un drainage incomplet en espaçant les drains de manière à pouvoir en intercaler d'autres dans l'intervalle. Ce système est abandonné par les draineurs.

On procède quelquefois autrement : on place des collecteurs dans les thalwegs du champ et dans les parties les plus basses seulement; on y raccorde des lignes de drains, aussi rapprochées que l'exige le besoin. Cette opération est conseillée par M. Zielinsky.

§ XI. — *Prix de revient du drainage.*

Le prix de revient varie dans des limites considérables, suivant l'humidité, la nature, les pentes du sol, le prix des tuyaux, celui de la main d'œuvre, etc.

La moyenne de douze drainages, si on en écarte deux, l'un de 462 fr., l'autre de 85 fr., comme exceptionnels, est de 223 fr. 15 c., qu'on pourrait décomposer ainsi par mètre et par hectare, en admettant une moyenne de 600 à 700 mètres de drains :

	PAR MÈTRE. Centimes.	PAR HECTARE. Francs.
Études préalables et nivellement	3	10
Direction et honoraires du draineur	2	12
Tuyaux, achat et transport	9	60
Fouille des tranchées	12	78
Pose des tuyaux et premier remplissage	5	32
Deuxième remplissage	2	13
Usure d'outils, travaux et frais divers	2,5	15
	35,5	220

Les variantes de ces prix sont la fouille, que la difficulté du terrain pourra augmenter quelquefois jusqu'au double, les travaux d'art, enfin la longueur des drains. En multipliant le nombre de mètres de drains par le chiffre du prix par mètre, on trouve le prix de revient; si, par exemple, les drains étaient à 20 mètres, ce qui donne 500 mètres de tuyaux, on aurait le prix du drainage égal à $35{,}5 \times 500 = 177$ fr. 75.

§ XII. — *Prêts pour le drainage.*

La loi du 17 juillet 1856 affecta une somme de cent millions à des prêts à faire par l'État aux propriétaires désireux de drainer leur domaine, et le 28 avril 1858, le Crédit foncier fut substitué à l'État pour cette opération. La loi a constitué pour la société du Crédit foncier un privilége qui prime tous les autres. Cette société a le droit de poursuivre l'expropriation par une procédure beaucoup plus rapide. Un réglement du 23 septembre 1858 détermine les formalités auxquelles ces prêts sont soumis.

Demande. Les demandes de prêts, rédigées sur papier timbré et accompagnées d'un extrait de la matrice et du plan cadastral, sont adressées à M. le Ministre des travaux publics, qui fait apprécier par les ingénieurs l'utilité de l'entreprise projetée et la dépense qui pourra en résulter, et transmet, s'il y a lieu, le dossier au Crédit foncier.

Le Crédit foncier vérifie les titres de propriété et la situation hypothécaire de l'emprunteur; et si les garanties offertes sont suffisantes, le Ministre autorise le prêt par un arrêté qui en détermine les conditions générales, et notamment les délais dans lesquels les travaux doivent être commencés et achevés. Le Crédit foncier passe avec l'emprunteur un acte dans la forme authentique.

Conditions des prêts. Le prêt est fait en numéraire. Le montant en est remis à l'emprunteur par à-compte successifs, aux époques fixées et proportionnellement au degré d'avancement des travaux constaté par l'ingénieur commis à cet effet, de manière que le solde ne soit versé qu'après leur exécution complète.

Le prêt est consenti pour une durée de 25 années. L'emprunteur a toujours le droit de se libérer par anticipation, soit en totalité, soit en partie.

Le prêt est remboursable au moyen d'annuités qui comprennent l'intérêt calculé à.............	4,00 p. 0/0
Et l'amortissement à........................	2,41 p. 0/0
TOTAL...............	6,41 p. 0/0

Le recouvrement des annuités a lieu de la même manière que celui des contributions directes. Les époques de paiement sont réglées par le contrat de prêt.

Frais. Le Ministre des travaux publics supporte les frais de l'instruction administrative des demandes d'emprunts et de surveillance des travaux.

Les frais de l'expertise, ceux de l'acte de prêt, de l'inscription du privilége et de l'hypothèque supplémentaire, dans le cas où elle a été requise, enfin le coût des mainlevées et de la quittance, sont à la charge de l'emprunteur.

Pièces à produire. Tout propriétaire qui demande un prêt pour travaux de drainage doit produire :

1° Les titres de propriété, tant en sa personne qu'en celle des précédents propriétaires;

2° La déclaration de son état civil, s'il est ou a été marié, tuteur ou comptable de deniers publics; à l'appui de cette déclaration, le demandeur devra produire son contrat de mariage, ou l'acte de célébration de mariage s'il est marié sans contrat, postérieurement à la loi du 10 juillet 1850;

3° Un état d'inscription constatant sa situation hypothécaire.

Les fonds prêtés ne peuvent être employés qu'aux travaux de drainage. La société du Crédit foncier surveille cet emploi. Les travaux s'exécutent par l'entrepreneur, sous la surveillance de l'administration. On ne peut toucher que par à-compte, au fur et à mesure de l'exécution des travaux, avec certificat de l'ingénieur, constatant que les travaux sont relativement peu considérables.

§ XIII. — *Résultats du drainage.*

Les résultats avantageux du drainage sont incontestables pour toutes les terres qui réclamaient son application et sur lesquelles l'opération a été bien exécutée; quelques échecs, dus à des causes locales, à des malfaçons, ne peuvent infirmer ce fait; mais la plus-value acquise par le sol à la suite du drainage est fort variable. Dans beaucoup de cas les produits sont doubles, mais toujours des avantages certains résultent d'une terre asséchée, permettant les travaux en tous temps et les ensemencements plus précoces. Des exemples nombreux ont été cités de pâtures améliorées, de vignes devenues plus vigoureuses.

La *durée* du drainage ne peut être déterminée d'une manière absolue; en supposant même l'opération bien faite, on ne la porte pas à plus de 20 ans.

§ XIV. — *Fabrication des tuyaux de drainage.*

Nous n'insisterons pas sur cette fabrication, que le cultivateur n'entreprend que très-exceptionnellement, des fabriques spéciales

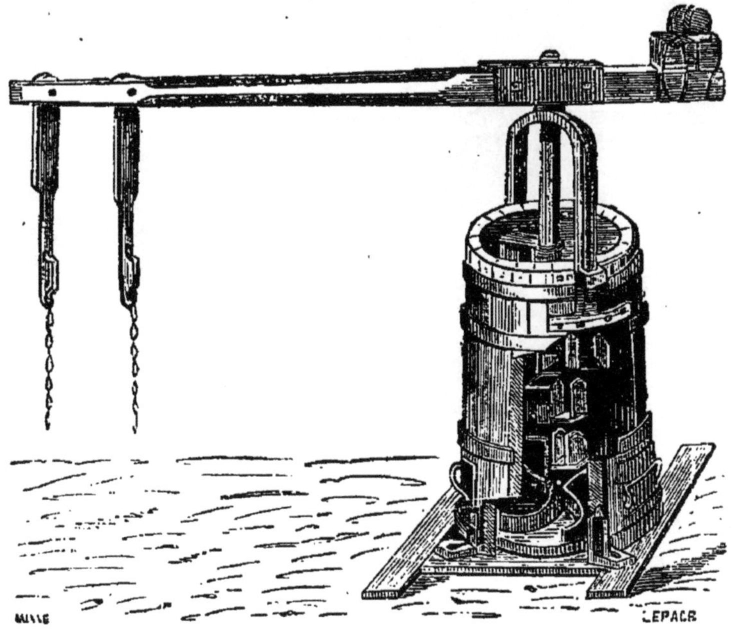

Fig. 20.

ou des tuileries possédant des machines à étirer existant à peu près partout. Nous réunissons seulement quelques données générales sur cette industrie.

Choix de la terre. Une bonne argile à tuile bien purgée de corps étrangers, de particules calcaires surtout, se déformant peu au séchage et à la cuisson, donnant à l'essai un tuyau possédant les qualités indiqués plus haut.

Préparation. La terre, ordinairement extraite d'avance et exposée pendant plusieurs mois à l'influence de l'air, est soumise, soit à l'ensemble, soit à quelques-unes des opérations suivantes : 1° *Mélange* et *malaxage;* on ajoute du sable, de la poussière de scories de briques, etc., si la terre est trop grasse; de l'argile, si la plasticité fait défaut. On se contente, pour mélanger, de faire marcher la

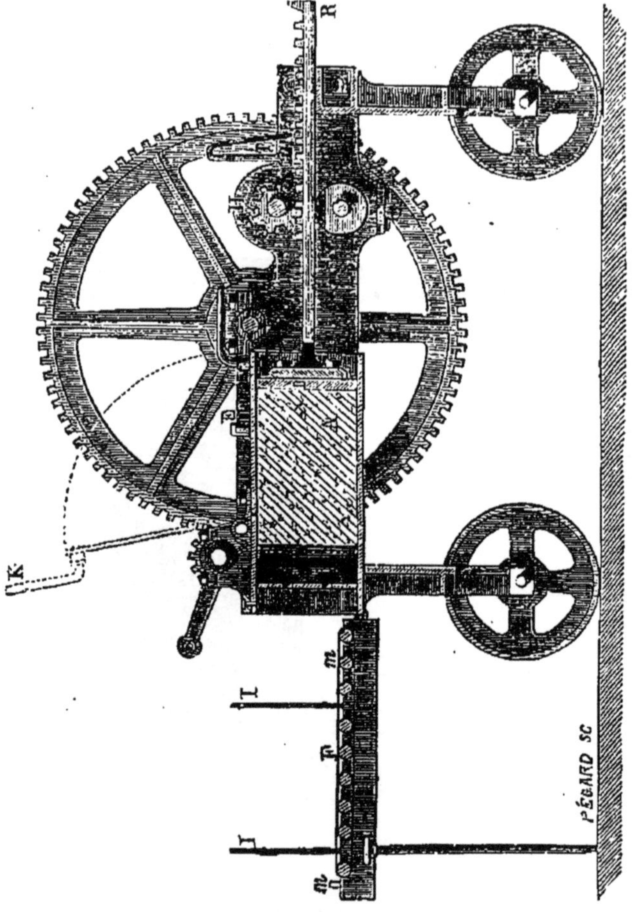

Fig. 30.

A, caisse à glaise, fermée en avant par une grille précédant la filière, en arrière par le tampon de la crémaillère ajusté presque jointif avec les parois de la boîte, en haut par un couvercle à charnière E, maintenu quand il est fermé par une barre ou un verrou; R, crémaillère mue par une manivelle placée en avant de la charnière E et un triple engrenage. Le tampon poussé par la crémaillère force la glaise à sortir par la filière moulée en tuyaux, que reçoit la toile sans fin *m* F *m*, divisée en quatre compartiments de la longueur des tuyaux; un fil de fer du sécateur passant dans les intervalles coupe les tuyaux.

terre, ou, ce qui est préférable, on la fait passer au tonneau broyeur. C'est un récipient cylindrique de 0m75 de diamètre, sur 1m50 de hauteur (fig. 29), dans l'intérieur duquel tourne un axe armé de couteaux placés en différents sens; la terre, introduite à l'état pâteux à la partie supérieure, sort par le bas, souvent après avoir traversé un crible qui la purge des graviers. 2° *Cylindrage*, ou passage de la terre entre deux cylindres de fonte de 0m35 de diamètre;

quelquefois, cette opération a lieu pour écraser les parties résistantes. Le tonneau et le cylindre, mus chacun par un cheval, peuvent préparer la terre pour 20,000 petits tuyaux.

Étirage. Les machines à étirer les tuyaux sont de types très-variés. On peut les distinguer en machines *continues* et *intermittentes*. Certaines machines continues malaxent, criblent et étirent. La grande machine anglaise de Clayton, celle de Schlosser et Laurent à Paris, de Brethon à Tours, de Vandœuvre à Nantes (appareil Franklin), sont les plus remarquables. Prix, de 1,400 à 1,800 fr. Beaucoup, comme celles de Laurent, Withead, Scragg, Clayton, Schlosser, épurent et étirent, et sont en même temps à double effet. Les prix varient de 800 à 1,200 fr. Les machines intermittentes sont à simple effet; citons celles de Calla, Laurent, Salomon. Cette dernière fait les tuyaux à collet. Le prix moyen de ces machines est de 400 à 600 fr. M. Muel en fabrique une à 190 fr. La figure 30 représente en coupe une machine simple de Calla (système Williams).

Les machines manœuvrées à bras d'homme font environ 1,000 tuyaux par jour, et, par homme employé, 1 mètre cube de terre épurée fournit environ 2,000 tuyaux de $0^{m}030$.

Séchage. Les tuyaux, enlevés à l'aide d'une espèce de grande fourchette à 2, 3 ou 4 dents, dont chacune s'enfile dans un tuyau, sont portés au séchoir, qui n'est que le hangar très-simple où fonctionne la machine même; on les place isolés les uns des autres sur des étagères fixes ou mobiles, où ils sont retournés de temps en temps. Lorsque la dessiccation est suffisamment avancée, on les fait rouler sur une surface unie en introduisant à l'intérieur un morceau de bois cylindrique que l'ouvrier tient, les extrémités dépassant chaque bout de tuyau; on peut les empiler ensuite en tas peu élevés.

Cuisson. Elle s'opère habituellement dans les fours ordinaires de briquetiers ou dans des fours spéciaux de dispositions variées. Les fours voûtés ou à coupole, d'une construction plus dispendieuse, utilisent mieux le combustible et cuisent plus rapidement (5 à 6 jours). L'enfournement se fait par assises, le plus faible calibre à la partie inférieure, les petits tuyaux placés dans les grands. Le feu se fait graduellement, en commençant par le petit feu, puis le feu moyen quand la masse est chaude, enfin le grand feu; l'enfournement et la conduite du feu demandent un ouvrier intelligent et habitué à cette opération.

Le prix de revient diffère suivant la valeur du combustible, de la main d'œuvre, les frais généraux, etc.; de là, très-grande différence suivant les localités; en France, on peut cependant adopter pour le 1,000 de tuyaux de 0m030, dans les conditions actuelles de main d'œuvre, la moyenne suivante :

Terre, achat, extraction, mélange, etc.	2f50
Étirage	3 50
Séchage et roulage, empilage	2 00
Cuisson, main-d'œuvre : 5 fr.; combustible : 4 fr.	9 00
Frais généraux d'intérêts, d'achats, etc.	2 00
	18 00

SECTION IV. — EAUX COURANTES NUISIBLES.

Ces eaux proviennent des pluies ou des neiges fondues; elles exercent leur action par *érosion* ou par *submersion;* elles agissent plus ou moins immédiatement à l'état de pluies torrentielles et ravins, de torrents, d'inondations, quand elles s'accumulent dans les grands bassins des rivières et des fleuves.

§ Ier. — *Eaux pluviales et ravins.*

Les pluies torrentielles agissent sur le sol en le battant et le délayant, et formant des courants qui entraînent les parties ténues et ravinent les surfaces; les limons, les terres argilo-siliceuses, marno-argileuses, subissent surtout ces dégradations, qui s'accroissent avec la pente du terrain. Pour atténuer l'action érosive de l'eau, on dirige les labours transversalement ou obliquement à la pente; quelquefois on courbe les sillons. On établit dans le même sens des fossés avec 3 ou 4 millimètres de pente, qui arrêtent les eaux pluviales. Dans les prés et pâtures, on peut y substituer des rigoles de niveau; on coupe de distance en distance, comme dans les Vosges, les pentes par des redans gazonnés, *a a* (fig. 31).

Fig. 31.

Le *drainage* est un moyen puissant pour écouler souterrainement les eaux qui ravineraient la surface. Aussitôt qu'on s'aperçoit que le sol tend à se raviner en un point, on relève la terre en bourrelet, on place quelques pierres ou fascines en travers, on creuse une rigole oblique à la plus grande pente. Lorsque les ravins sont formés, il faut ajouter à ces fossés des barrages dans le ravin même; ces barrages se font à l'aide de piquets et de clayonnages verticaux, à l'arrière desquels on appuie un talus de 3 à 4 mètres de base sur 1 de hauteur et qu'on revêt de gazon; ces barrages doivent être évidemment d'autant plus solides que les ravins sont plus profonds; des piquets d'essences de bois tendres, fraîchement coupés, peuvent former bouture. On fait des clayonnages doubles qu'on remplit de terre, sur lesquels on appuie en amont un barrage en terre et pierres; c'est en amont de ces barrages qu'on établit les fossés transversaux destinés à détourner les eaux.

Quelquefois, ces barrages suffisent pour que le ravin se comble à l'aide de terres charriées par les eaux, mais on accélère ces résultats en amenant des terres et des pierres; lorsque les ravins sont anciens et leur ouverture trop large, on coupe les berges en pente douce en rejetant une portion des terres dans le fond; on ménage seulement un caniveau en perré ou un drain, et on gazonne les pentes.

§ II. — *Torrents.*

Les torrents ne diffèrent des ravins que par leur plus grand développement; ils se forment dans les montagnes abruptes, à rochers d'une désagrégation facile. Dans les Hautes et Basses-Alpes, dans l'Isère, des communes tout entières ont été envahies par ces eaux désordonnées; dans l'Ardèche, les Cévennes, des inondations ravagent périodiquement le bassin des cours d'eau torrentiels. Une opinion assez générale, combattue cependant par des ingénieurs de mérite, attribue au déboisement des montagnes le ravage des torrents; le déboisement avait commencé l'œuvre; le dégazonnement par l'abus du pâturage paraît devoir l'achever. Les bois, les résineux surtout, d'après les partisans de cette opinion, soutireraient l'électricité de l'air et préviendraient les orages. Les arbres reçoivent sur leurs feuilles et conduisent lentement jusque dans le sol l'eau des pluies; leurs racines consolident et retiennent la terre. M. Surrel a proposé de reboiser le lit des torrents par lignes allant en s'élargissant du bas vers les points culminants. La loi récente de 1860, qui vient d'affecter 20 millions au reboisement des montagnes, est conséquente à ces principes. MM. Vallès, Monestier, Gras n'attribuent toutefois qu'une part limitée aux défrichements sur les torrents. M. Gras veut qu'on partage par des barrages le lit en plusieurs biefs à pente douce : la vallée de Munster (Haut-Rhin) présente une disposition de ce genre. Des épis transversaux construits dans les lits des torrents sont encore un moyen de rétrécir l'étendue ; des barrages avec fossés de dérivation pour alimenter des irrigations ont également été essayés. On diminue encore la force des torrents en pratiquant près de leur origine de grands réservoirs qui servent à emmagasiner les eaux pour les moments de sécheresse ; on peut citer, dans le Haut-Rhin, les lacs d'Orbey, nouvellement terminés ; celui de Baren, vallée de Munster ; le grand réservoir des Settons (Yonne), qui peut contenir vingt millions de mètres cubes. Un ingénieur, M. Merdigny, considère toutefois comme illusoires, dans certaines contrées montagneuses, toutes ces mesures, que la pauvreté des populations est d'ailleurs impuissante à employer. Il est certains torrents de l'Ardèche et des Cévennes dont les énormes débits sont dus à des causes topographiques et pluviométriques que l'homme ne peut maîtriser.

§ III. — *Fleuves et rivières; inondations.*

A. — Grands cours d'eau.

C'est par l'action *érosive* sur leurs rives et par les *inondations* que les cours d'eau nuisent souvent aux propriétés qui les bordent. Sur les rives des fleuves à cours rapide, à crues excessives et irrégulières, tels que le Rhône, le Rhin, la Loire, etc., les désastres des inondations sont quelquefois immenses. M. Monestier estime à 8 ou 9 millions les pertes éprouvées dans le seul bassin de l'Allier en 1856 ; on n'insistera pas ici sur les moyens proposés pour remédier aux inondations des grands cours d'eau. Ces moyens sont, pour la plupart, du ressort des ingénieurs. M. Monestier, dans son beau travail sur la vallée de l'Allier, indique, indépendamment du boisement, du gazonnement, du drainage, des cultures profondes, du marnage, les travaux suivants plus spécialement applicables : 1° les *fossés obliques*, aux pentes dont il a déjà été question ; 2° des *barrages publics* de faible hauteur, ayant pour effet d'amortir la force vive du courant ; 3° les *barrages privés*, produisant un effet analogue, et faisant en outre refluer les eaux pour les appliquer à l'irrigation ou aux usines ; 4° des *biefs* ou *canaux* faits à la suite de ces barrages, qui n'étant pas constamment pleins, peuvent, dans un moment de crue, emmagasiner une certaine quantité d'eau ; 5° des réservoirs qui seraient de trois espèces : réservoirs *permanents*, comme ceux indiqués au paragraphe précédent, particulièrement utiles aux irrigations; les réservoirs *temporaires*, venant en aide aux premiers pour emmagasiner les eaux dans des crues ordinaires; enfin, des réservoirs de *retenue*, immenses bassins servant à retenir, pendant un temps relativement très-court, un très-grand volume d'eau et prolonger la crue en l'amoindrissant; 6° des *bassins de limonage*, formés du débordement des eaux dans certaines parties basses des thalwegs; 7° enfin, les *digues*. De ces divers ordres de travaux, les réservoirs et les digues sont ceux dont les effets ont une plus longue portée.

Des opinions très-diverses ont été émises sur l'endiguement des fleuves. Quelques ingénieurs repoussent tout endiguement nouveau (les anciens endiguements ne peuvent disparaître sans compromettre des espaces considérables qu'ils protègent); en laissant les eaux librement s'étendre, leur action est beaucoup moins érosive; le limon qu'elles charrient s'étend plus loin et n'exhausse pas exclusivement les bords; si les rives sont exhaussées, on fait des canaux de colature parallèles au fleuve, qui rejette en aval les eaux des inondations. Ce système, acceptable avec des prairies, aurait des inconvénients nombreux pour les champs cultivés et les lieux habités.

D'autres ingénieurs conseillent des digues simples *insubmersibles;* mais plus généralement aujourd'hui on a recours à deux lignes de digues comme sur le Rhône, la Loire et le Pô, l'une submersible et la seconde *insubmersible*. Les terrains abandonnés de chaque côté restent, soit en prairies, soit en culture, mais sont sujets aux ensablements et aux envasements; les crues ordinaires ajoutent à leur fertilité. Les *segonaux* du Rhône sont dans ce cas. On accompagne encore quelquefois les digues parallèles d'*épis transversaux* qui rompent la force du courant.

B. — Petits cours d'eau.

Pour les petits cours d'eau qui rentrent plus spécialement dans notre cadre, on emploie des moyens analogues, mais dans des proportions plus restreintes.

Causes d'érosion et d'inondation. La direction et les accidents du cours d'eau influent beaucoup sur son régime; une saillie, un coude, une sinuosité, soit sur la rive, soit dans le fond de la rivière, amènent une modification dans le cours de l'eau, des tourbillons, des courants ou des remous, qui ont pour résultat soit des affouillements ou des atterrissements au fond de la rivière, soit la dégradation d'une des rives, tandis qu'un envasement ou un ensablement se produit à la rive opposée. Des atterrissements, des plantations empiétant illégalement sur le lit de la rivière, des retenues ou des barrages par des usines, etc., en formant obstacle au libre écoulement des eaux, sont une cause fréquente d'inondation.

Les *affluents* agissent sur les rives en créant des courants et en rejetant les eaux sur un point des bords, tandis que vers les autres il y a un remous. Les travaux faits pour paralyser l'effet du courant ont encore parfois pour résultat, en protégeant une rive, d'exposer davantage la rive opposée; il y a donc nécessité que les travaux exécutés pour arrêter les ravages des eaux se fassent sur un plan d'ensemble.

Syndicats. C'est ce qu'a voulu la loi en associant en compagnies ou *syndicats* tous les propriétaires riverains d'un cours d'eau dans une certaine étendue. Les membres de ces syndicats sont ordinairement nommés par les riverains et propriétaires intéressés, à la diligence des préfets qui doivent provoquer ces associations. Les membres sont élus pour un an et rééligibles. Un directeur est nommé par le préfet. Ses fonctions sont de rédiger les projets de travaux, d'en surveiller l'exécution, passer les marchés, proposer les budgets à l'assemblée annuelle, qui doit en outre vérifier la gestion, fixer le chiffre de la contribution à répartir entre les intéressés pour travaux, salaire du garde-rivière, etc.

Curage et régularisation. Lorsqu'il s'agit de régulariser un cours d'eau, il est d'ordinaire dressé un profil en long dans toute l'étendue, et en travers tous les 100 mètres. On détermine le lit plutôt par la section nécessaire à l'écoulement des eaux que par les apparences de l'état actuel. Un piquettement préalable indiquera le tracé, afin que des réclamations puissent être faites par les ayants-droit. On fixe le niveau de l'eau par des pieux-repères recépés au-dessus du plan sur lequel l'eau doit couler et arasés à une hauteur déterminée au-dessous des rives. On fixe de même la hauteur des déversoirs des usines, la section des prises d'eau; les barrages et prises d'eau pour irrigation doivent être abaissés à 0m30 au moins en contrebas des terres. On exigera des usines qui n'en sont pas pourvues que les barrages soient accompagnés de déversoirs, pertuis, vannes de décharge, etc. On fait disparaître, s'il est nécessaire, les coudes, les sinuosités, les rétrécissements du cours d'eau.

Les curages se font ordinairement aux basses eaux, indépendamment du fauchage des roseaux ou faucardement, qui peut avoir lieu plusieurs fois.

On se sert sur les canaux d'un appareil nommé *faucard;* il se compose d'un certain nombre de faulx articulées entre elles; des bouts de chaîne de fer de 1m30, traînant dans le fond, en maintiennent la position. Deux hommes placés sur les deux rives impriment à cet instrument un simple mouvement de va-et-vient, en avançant lentement dans le sens opposé au courant, et aussitôt les herbes coupées s'élèvent à la surface de l'eau. M. Tarbé a fait construire un instrument de ce genre à douze lames, revenant à 91 fr. 35.

Défense des rives. Les moyens de défense des rives sont les plantations, les enrochements, les fascinages (fig. 32), les revêtements, soit en pierres, soit en charpente, soit en prismes de béton, et enfin les murs en maçonnerie; on oppose encore quelquefois au courant des éperons, des plans inclinés en pierres ou revêtus de gazon. Pour les cours d'eau peu considérables, les fascines et les clayonnages retenus par des piquets en éperons convenablement placés peuvent rétablir la rectitude d'un lit sinueux : ainsi, on comprend que les éperons *aa* (fig. 33), favorisent un atterrissement qui fera disparaître les coudes. Un moyen souvent efficace consiste à entasser en avant de la rive, par lits successifs, des fascines, des fagots d'aulne, de pin ou d'autres arbres, l'extrémité des branches tournée vers le courant; chaque lit est retenu et relié à un lit inférieur par des piquets à crochets; quelquefois entre deux lits de fascines perpendiculaires à la rive, on en met un qui lui est parallèle. On charge également les lits de terre, de gravier, de pierre.

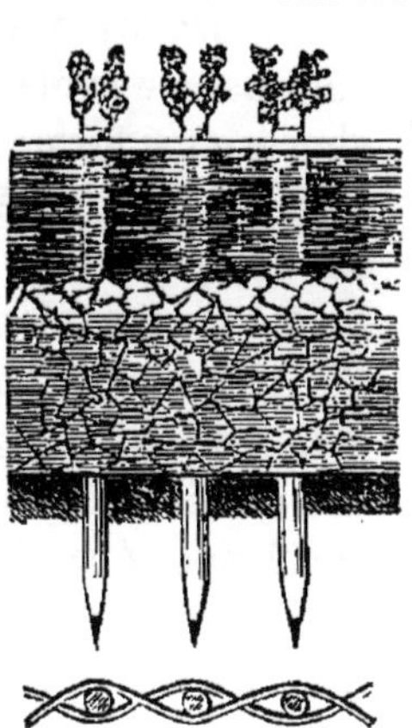

Fig. 32.

Fig. 33.

Lorsque les cours d'eau ne sont pas très-rapides, de simples revêtements en gazon sur la rive, qu'on a d'abord amenés à la forme d'un talus en pente douce, suffisent pour combattre l'action érosive des eaux; on fait les gazonnements en été, on les arrose pour aider à la reprise, et on les fixe quelquefois, au moment de la plantation, à l'aide de petits piquets à tête.

Les plantations de boutures, saules, peupliers et osiers, sont les moyens les plus efficaces de protéger les rives menacées par des cours d'eau, pourvu toutefois que le talus ait au moins 2 mètres de base sur 1 de hauteur. Les boutures doivent avoir de 40 à 50 centimètres de longueur : on les enfonce de 25 à 30. Il est quelquefois bon de les protéger par de gros moellons qu'on place derrière chaque bouture et qu'on enlève plus tard. On courbe encore les longues branches de manière à enfoncer dans la terre leur sommet, qui prend bientôt racine.

§ IV. — *Lais de mer, polders, marais, dunes.*

Les fleuves qui se jettent dans la mer charrient des quantités énormes de sables et de limons, qui se déposent à leurs embouchures et y forment de vastes atterrissements que les vagues de la mer elle-même déplacent, en y joignant d'autres dépôts apportés par les marées ; il se forme ainsi continuellement de grands envasements ou ensablements, dont successivement s'empare la culture. Ces terrains, couverts et découverts alternativement par les flots, se nomment *lais de mer*. Ils s'exhaussent peu à peu hors de l'atteinte des marées ordinaires ; les pluies les dessalent, et la végétation s'y développe. Arrivés à cet état, la culture peut s'en emparer. Lorsqu'on veut les conquérir définitivement, on les protège contre le retour des marées par de fortes *digues*. Ces terrains, ordinairement très-fertiles, existent sur toutes les côtes de l'Océan. Les plus riches sont dans le Nord, le Pas-de-Calais, la Manche, la Vendée, les Charentes. On les nomme marches en Allemagne, polders en Hollande, wateringues, etc. Le sol en est de nature différente, suivant les accidents des côtes et les alluvions fluviales ; tantôt argilo-sablo-calcaire, tantôt sableux; il passe même quelquefois à l'état de sable mouvant et forme alors des *dunes* que le vent déplace (*V.* terres incultes).

Du côté du polder, le talus, plus rapide, se termine quelquefois par une étroite banquette plantée d'une rangée d'arbres et d'une haie, puis d'un fossé. A l'intérieur, les fossés, divisant les champs en herbages, sont souvent doubles, séparés par une banquette élevée, plantée de peupliers, aulnes, etc. Des écluses peuvent évacuer à marée basse les eaux surabondantes, ou elles sont enlevées par des machines et un canal de ceinture. Ces atterrissement sont considérés comme propriété de l'État, qui les vend ou les concède aux particuliers pour les mettre en valeur.

A défaut de pierres, on fait en clayonnage, en paille même, des gabions, soit cylindriques, soit triangulaires, tels que celui dont les figures 34 et 35 représentent le profil et la section.

Fig. 34.

Fig. 35.

Digues. Il est convenable de les faire précéder du côté de la mer par un talus allongé en pente douce, qui admet d'ailleurs l'emploi de matériaux peu dispendieux, des sables et glaises.

Épis. On aide quelquefois aux atterrissements, comme en Hollande, par des épis formés d'un noyau de glaise engagé dans la plage et recouvert de fascines à plat, le tout fixé au sol par des rangées de piquets et des clayonnages ; ce sont : les *slyck-wangers, reteneurs de limon* (fig. 36). Les épis d'ensablement ont des dimensions un peu plus développées et accompagnées de blocailles. On emploie encore des lignes de pieux presque jointifs, reliés par des entretoises et enfoncés de 2 à 3 mètres dans la plage qu'ils surmontent de 1m80 à 2 mètres.

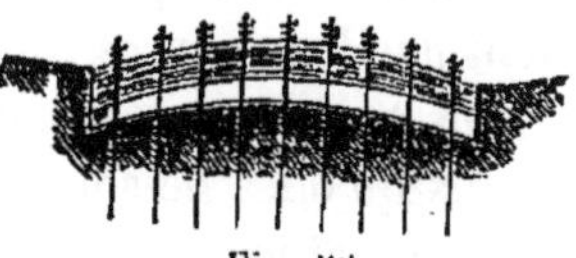

Fig. 36.

CHAPITRE III. — IRRIGATIONS.

Ecarter les eaux nuisibles n'est qu'un côté de la mise en valeur du sol ; son rôle consiste encore à fournir au sol les eaux utiles à la végétation. Nous comprendrons cette opération sous le titre général d'*irrigation*.

SECTION Ire. — DES EAUX.

§ 1er. — *Nature et qualités.*

Rôle dans la végétation. L'eau constitue la plus grande partie de la plante ; elle est le véhicule qui fait circuler l'air dans le sol ; elle introduit dans les racines, et de là dans les tissus végétaux, à l'état de dissolution ou de combinaison, tous les principes utiles à leur développement ; elle agit par l'oxygène, l'hydrogène, l'acide carbonique, les nitrates, les phosphates, qu'elle renferme : d'après les recherches récentes de M. Barral, l'eau pluviale apporte annuellement au sol des quantités assez considérables de phosphates ; elle agit par sa température, par son poids, par toutes ses propriétés physiques. Les eaux proviennent de l'atmosphère ou du sol.

Les **eaux atmosphériques** sont toujours bonnes; elles sont en général, à une température convenable, aérées, plus ou moins chargées d'oxygène, d'acide carbonique, de nitrates.

Les **eaux du sol,** 1° y séjournent à l'état d'imbibition, formant le grand réservoir souterrain dont le niveau est variable, et qui s'élève aux racines par la capillarité et l'évaporation; 2° elles lui arrivent par les sources ou les eaux courantes.

Les eaux du *réservoir souterrain* sont généralement bonnes, à moins qu'elles ne soient en excès et stagnantes. Les *eaux de source* sont de natures variées, suivant les matières qu'elles tiennent en dissolution; ce n'est cependant qu'exceptionnellement que ces matières s'y trouvent en quantité suffisante pour nuire.

Eaux nuisibles : les eaux salées, les eaux magnésiennes, celles tenant en dissolution des sels de cuivre (cas assez rare). Les eaux chargées de *sulfate de chaux* forment croûte sur le sol ; les eaux fortement calcaires ou incrustantes agissent de la même manière. On améliore les unes et les autres en les faisant passer dans des réservoirs, où l'on jette des fascines, des débris de végétaux. Les *eaux astringentes,* qui ont traversé des bois, des bruyères, des marais, sont chargées d'acide tannique, défavorable à la végétation ; on les améliore par des cendres, des alcalis; les *eaux ferrugineuses* ne sont mauvaises qu'alors que l'oxide est en excès ; il en est de même de celles contenant du *sulfate de fer,* de l'*hydrogène sulfuré.*

Les eaux de source trop froides doivent séjourner dans des réservoirs où leur température s'élève.

Sont généralement excellentes les eaux des fleuves, des rivières, les eaux limoneuses, surtout pour les irrigations d'hiver, les eaux des routes, des villes et villages.

SECTION II. — QUANTITÉ D'EAU NÉCESSAIRE A L'IRRIGATION.

Cette quantité dépend : 1° de la plante, de l'époque de sa végétation et de sa durée. Une plante qui végète du printemps à l'été exige moins d'eau que celle dont la végétation traverse la période estivale ; le maïs, qui dure trois mois, exige moins d'eau que les cardères ou les garances ; les plantes à produit foliacé, telles que le tabac, seront plus arrosées que le maïs, plante à grains.

2° *De l'évaporation,* conséquence d'une température élevée, du climat ou de la saison, de l'agitation de l'air, etc.

3° *De la nature et de la pente du sol.* La terre absorbe, en effet, depuis 20 jusqu'à 50 p. 100 de son poids, suivant qu'elle est plus ou moins argileuse. La *perméabilité* du sol accroît cette absorption dans de plus grandes limites encore ; dans tel sol de sable ou de cailloux, l'eau disparaît avant d'atteindre les rigoles de déversement. M. Keelhoff a trouvé qu'en Campine, dans l'irrigation par planches, l'eau absorbée par les rigoles seules s'élevait jusqu'à 95 p. 100 de la masse employée ; l'absorption diminue en même temps que la *pente* augmente.

4° *Du système* et du régime de l'irrigation. L'irrigation par submersion demandera plus d'eau que les rases ; on l'épargnera, au contraire, avec le bon emploi des colatures. Le colmatage exigera une masse plus considérable qu'un simple arrosage, etc. L'arrosage, à la main ou au tonneau, avec l'eau apportée sur place, évite les pertes des rigoles ; il en est de même des conduits étanches en tuyaux, avec arrosage à la lance ; mais il y a, d'un autre côté, emploi de force plus dispendieux.

Les quantités d'eau employées dans diverses localités varient d'un lieu à un autre, dans des proportions énormes (de 2,000 à 50,000 mètres cubes à l'hectare). Ceci tient à ce qu'indépendamment du climat et du sol, les eaux sont souvent en excès ou mal aménagées.

On peut exprimer la quantité d'eau nécessaire aux irrigations : par le cube écoulé par seconde pendant l'année ou pendant un temps donné ; 1 litre par seconde correspond à 86 mètres cubes 4 par jour de 24 heures, à 2605 mètres cubes par mois, par le nombre d'arrosements et la quantité employée dans chaque arrosement ; par le cube d'eau répandue sur un hectare, d'où l'on déduit la hauteur d'eau par mètre superficiel. Le tableau suivant, emprunté à MM. Nadaut de Buffon et Pareto, reproduit les chiffres employés par hectare et par an dans différentes contrées : les quantités sont exprimées en mètres :

	Écoulement par seconde.	Durée du temps d'irrigation.	Nombre d'arrosages.	Quantité d'eau par arrosage.	Quantité d'eau par hectare.
Pyrénées-Orientales	0,169	180	16	146	2 335
Espagne	0,250	180	16	243	3 888
Piémont et Lombardie	0,900	180	20	700	14 000
Piémont et Turin, prairies	0,800	160	16	691	11 056
Bouches-du-Rhône (la Crau)	3,020	180	20	800	16 000
Grenoble	0,650	160	16	561	8 976
Algérie (M. Aymard), jardins	1,650	180	50	555	27 900
— — orangers	0,825	180	25	550	13 950
— — tabac	0,393	160	16	»	5 795
— — maïs	0,177	160	»	»	2 630
Normandie (M. Belgrand)	13,700	150	44	»	» »

On ne fait pas figurer dans ce tableau les irrigations des Vosges, qui atteignent, comme sur les bords de la Moselle, jusqu'à 100,000 mètres cubes, ni une irrigation de la vallée d'Avre (Eure-et-Loir), citée par M. Belgrand, qui consommerait 44 arrosages de chacun 405 mètres cubes par hectare, soit 171,000 mètres cubes. Ce sont des cas exceptionnels; M. Belgrand lui-même pense que dans le centre de la France six arrosages de 400 mètres cubes chacun avant la fenaison, et un de 2,000 mètres cubes immédiatement après, soit 4,400 mètres cubes, peuvent suffire dans les prairies argileuses. Cette quantité doit doubler dans les prairies à sous-sol perméable. M. de Gasparin indique, pour les prairies du Midi, de 12 à 36 arrosages de 1,000 mètres cubes, suivant la perméabilité du sol. M. Pareto regarde comme suffisants dans la plupart des cas 4,000 mètres cubes par hectare répartis en 16 arrosages de 250 mètres cubes, formant une couche d'eau de 25 millimètres équivalant à 0,257 millimètres cubes par seconde pendant six mois. L'administration des travaux publics admet comme base des allocations à demander aux canaux d'arrosage un litre par seconde, pendant 180 jours, soit 15,000 mètres cubes, afin de se trouver dans les limites des plus larges exigences.

SECTION III. — MOYENS DE SE PROCURER DE L'EAU.

Les eaux dont on peut disposer pour les irrigations sont :

1° Les eaux pluviales tombant ou coulant sur la propriété, celles des routes qui la bordent, mais avec l'agrément de l'administration des ponts et chaussées, celles d'étangs et réservoirs; 2° les eaux de sources, de puits artésiens ou ordinaires; 3° celles des cours d'eau, celles des canaux.

§ Ier. — *Eaux pluviales.*

La couche d'eau qui tombe annuellement en France sur une surface donnée varie de 15,000 à 4,500 mètres cubes par hectare; elle serait suffisante théoriquement pour l'irrigation de cette même surface, à la condition de tomber au moment convenable ou d'être appliquée en totalité à l'irrigation; mais la pluie est très-inégalement répartie dans l'année, et la portion qu'il est possible de recueillir et d'employer convenablement n'excède pas en général plus de 23 à 39 p. 100 de la totalité tombée. De là la nécessité : 1° de recueillir ces eaux dans des réservoirs; 2° de recevoir les eaux d'une surface plus étendue que celle que l'on veut arroser. On peut quelquefois cependant irriguer même sans réservoirs, en recueillant, au moyen des fossés, les eaux d'un versant d'une certaine étendue, et les distribuant par rigoles de niveau (voir plus bas).

Réservoirs. L'emploi de réservoirs sera toujours la méthode la plus sûre pour garantir une irrigation régulière.

L'*emplacement* d'un réservoir doit être assez élevé pour irriguer le terrain qu'on veut transformer en pré.

Il doit être dans un bassin qui puisse facilement le remplir, soit avec les eaux pluviales, et même, à leur défaut, avec des sources ou un cours d'eau.

On profitera avec avantage d'un pli de terrain, d'une gorge qu'il suffira quelquefois de barrer avec une digue.

On l'établira dans un sol aussi imperméable que possible, présentant en outre, à proximité, de la terre et des matériaux convenables pour faire la digue.

Capacité. Pour les irrigations, plusieurs réservoirs d'une moyenne étendue seraient souvent préférables à un seul réservoir d'une très-grande capacité. Les grands réservoirs perdent moins à la vérité par l'évaporation, mais sont plus exposés aux pertes par infiltrations. Leurs digues sont plus dispendieuses à construire, les conséquences de leur rupture plus dangereuses pour les propriétés voisines. Les grands réservoirs ont été particulièrement établis en France pour la navigation ou pour les usines, comme on l'a vu plus haut.

On peut citer cependant quelques réservoirs établis pour l'irrigation, celui de la Motte d'Ayques (Bouches-du-Rhône), de Caromb (Vaucluse), de 500,000 mètres cubes environ; les réservoirs de M. d'Angeville (Ain), dont la capacité réunie est de 78,000 mètres cubes. M. Westerweller, dans l'Ain, arrose également à l'aide d'eau de pluie recueillie dans un réservoir.

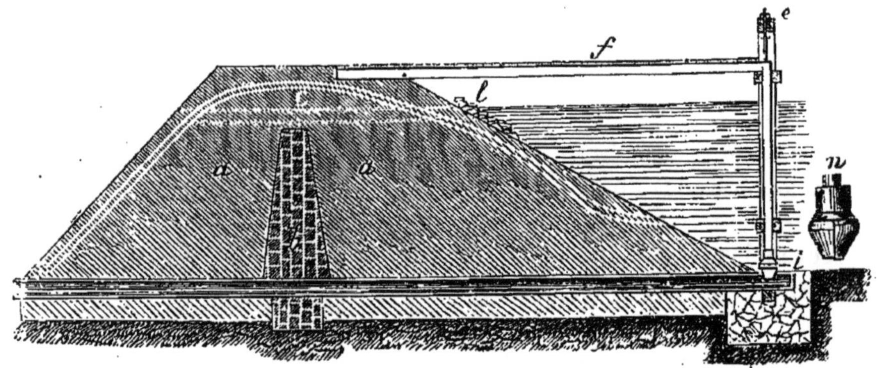

Fig. 37.

La figure 37 donne la coupe d'une digue employée par M. Pareto : *aa*, digue; *b*, noyau en glaise; *c*, siphon, accidentellement dans la figure, dont on explique plus loin l'usage.

La digue sera établie sur une surface raboteuse, afin de la lier plus intimement au fond. On sème les talus en gazon, on les garnit quelquefois de fascines ou d'oseraies *l*, pour éviter le clapotement des bords; on ne met l'eau que quelques mois après le travail achevé, pour que le terrain puisse se raffermir.

Bondes, déversoirs. Les réservoirs se vident au moyen d'une buse en bois *o*, traversant la digue, qu'on fait, si l'on veut, déboucher dans un petit bassin de répartition. Ces buses sont en pierre, en tuyaux ou en bois, ordinairement goudronnées et calfatées avec soin, et entourées d'un corroi de glaise qui empêche les infiltrations. L'eau du réservoir s'échappe en pénétrant dans le conduit par une ouverture *i*, qu'on ferme à l'aide d'une bonde dont la forme varie. Quelquefois on établit des bondes à des hauteurs différentes pour vider le réservoir par en haut; la bonde de la figure 37, représentée en *n* sur une plus grande échelle, est une bonde de fond employée dans les étangs; elle est en bois, quelquefois garnie de cuir. On la soulève ou on la baisse au moyen de deux écrous *e* surmontant une tige qui s'engage dans des guides, soutenus par deux poteaux et des traverses. Un petit pont *f* permet d'arriver à l'appareil. Quelquefois, on substitue à la bonde une vanne placée obliquement dans le plan du talus, et qu'on manœuvre du bord même de la digue.

Le déversoir, par lequel doit s'écouler le trop plein, consiste ordinairement en une échancrure dont le bas, inférieur de 0m60 environ au-dessous de la couronne, est de 3 à 4 mètres de largeur; le seuil et les côtés sont en maçonnerie, ou en palplanches et fascines gazonnées. M. Pareto en fixe la position à l'extrémité de la digue; là elle se raccorde avec le terrain naturel. Un fossé contourne la digue et porte les eaux dans le canal d'amenée ou un fossé de colature.

M. Raudot a fait une heureuse application, pour vider les réservoirs, d'un appareil analogue au siphon. L'appareil *c* (fig. 37), est construit avec des tuyaux de tôle bitumée de M. Chameroy; il est posé dans une petite tranchée faite en travers de la chaussée et marquée par une ligne ponctuée. La petite branche, qu'on voit à gauche dans la figure, s'enfonce dans le réservoir à la profondeur à laquelle on peut le vider. La branche extérieure descend un peu plus bas. Le siphon peut s'amorcer de lui-même à l'aide du procédé suivant, dû à M. Bourjoud de Bourg; on enterre le siphon de manière que le point de faîte, qui sépare les deux branches, soit un peu plus bas que le niveau ordinaire du réservoir; on fait entrer l'extrémité de la plus grande branche dans un vase; l'eau du réservoir coule par le siphon, remplit le vase, de manière que l'extrémité de la branche plongeant dans l'eau, l'air ne peut y rentrer; le siphon se remplit, s'amorce et continue de couler. On peut encore amorcer le siphon en fermant les deux extrémités par deux clapets mobiles; on remplit ensuite les deux branches par une ouverture qu'on bouche ensuite. On peut enfin faire communiquer l'extrémité inférieure de la longue branche avec une pompe.

L'alimentation des réservoirs se fait au moyen de rigoles découvertes ou de tuyaux de drainage; les rigoles se placent dans une direction et coupent les lignes de pente, de manière à ce qu'elles réunissent les eaux des fossés secondaires, des sillons des pièces, etc.; leur pente sera d'autant plus forte que le terrain sera plus perméable; on réunit ordinairement les eaux des rigoles dans deux fossés collecteurs qu'on fait aboutir, l'un à droite et l'autre à gauche du réservoir, de manière que leur niveau soit celui des plus hautes eaux. Quelquefois on recueille les eaux d'un autre bassin au moyen de fossés qui contournent les pentes, de petits ponts-aqueducs, de canaux souterrains, ou de siphons renversés.

Le prix de construction des réservoirs dépend des terrassements, qui se modifient beaucoup suivant l'emplacement, la nature et la proximité des matériaux. Lorsqu'ils se forment à l'aide d'une seule digue transversale, le prix est beaucoup diminué : le prix d'une digue en terre peut varier de 30 à 80 centimes le mètre cube. Le prix moyen de revient du mètre cube d'eau emmagasiné, déduit de plusieurs exemples cités par M. Pareto, en le calculant à 10 p. 100 du prix capital dépensé, a varié de 0 fr. 0,026 à 0 fr. 0,377, soit en moyenne 0 fr. 0,20.

§ II. — *Eaux de sources.*

Les sources ou cours d'eau souterrains fournissent à l'irrigation, quand elles sortent du sol à un niveau convenable, un volume d'eau quelquefois important. Quelques-unes, comme les fontaines de Vaucluse, de Nîmes, la source du Loiret, ont, dès leur origine, un débit considérable; d'autres moins abondantes peuvent fournir beaucoup par l'intermédiaire de réservoirs.

Recherche des sources. Les sources d'une certaine importance, qui sortent à un niveau superficiel convenable à l'irrigation, sont à peu près connues aujourd'hui. L'abbé Paramelle, qui a cessé ses explorations depuis 1854, a visité 45 départements où il a laissé peu d'eaux souterraines à découvrir. Son ouvrage, l'*Art de découvrir les sources*, renferme d'utiles renseignements pour ces sortes de recherches. Suivant cet hydroscope, les sources proviennent à peu près exclusivement des pluies ou des neiges; le volume de chaque source est généralement proportionné à l'étendue de son bassin; la quantité qu'elles débitent excède rarement le douzième de l'eau tombée. Dans chaque vallon, gorge ou pli de terrain, il y a un cours d'eau apparent ou caché; les cours d'eau cachés suivent à peu près les mêmes lois que les cours d'eau apparents.

Indices. 1° Lorsqu'une source a son origine sur une plage élevée, le point le moins profond où l'on doit chercher la source est vers le milieu du pli du terrain, où le thalweg commence à se manifester.

2° Si la source prend naissance au fond d'un vallon en cirque, le point le moins profond où on la trouve est le centre de ce cirque.

Si ce vallon est divisé en plusieurs plans inclinés, interrompus par un ressaut plus ou moins abrupte, la source est plus superficielle au pied de ces ressauts.

Si une source se jette dans un cours d'eau, elle est d'autant plus près de la superficie qu'elle s'approche davantage du cours d'eau. C'est également dans ces points que les sources sont plus abondantes; en général, leur volume diminue à mesure qu'on remonte en amont de leur cours.

Il existe des plaines dominées, à pente douce, irrégulière, sous lesquelles existent des nappes d'eau courantes peu profondes, à l'intersection des couches meubles par une couche imperméable. On est toujours certain, en creusant le sol à une certaine profondeur, de trouver l'eau; si une première nappe ne suffit pas, on descend jusqu'à une seconde.

Marcites. Dans les plaines de la Lombardie, au pied des Alpes, sous la plaine qui s'étend en pente douce vers le Pô, se trouve un réservoir souterrain, qui produit des sources abondantes dès qu'on creuse le sol de 1m50 à 2 mètres. L'eau de ces sources, dont la température est en hiver au-dessus de celle de l'atmosphère, est utilisée pour les prés d'hiver appelés *marcites.*

Les sources ne sont réellement propres à l'irrigation que lorsqu'elles arrivent naturellement, ou peuvent être amenées avec économie en un point dominant les terrains à arroser; les autres sources sont des puits dont l'eau ne peut être élevée qu'à l'aide de machines.

§ III. — *Sources jaillissantes, puits artésiens.*

Les dépenses et l'incertitude d'un forage s'opposent à ce que les sources jaillissantes ou puits artésiens soient fréquemment employés à l'irrigation. Ces puits, quand le forage réussit, donnent cependant des quantités considérables d'eau. Voici les chiffres du jaugeage et de la profondeur de quelques puits artésiens, et la température de l'eau :

Puits de Grenelle, 548 mètres, 50 litres par seconde, 27°,4.

Six puits, près de Tours, ensemble 80 litres par seconde.

Puits du quartier de cavalerie, à Tours, 19 litres par seconde.

Puits de M. Durand, à Royes, près Perpignan, 33 litres.

Trois puits, MM. Samuel et Joly, à Saint Quentin, 41 litres par seconde.

A Aire, à Saint-Pol (Pas-de-Calais), des puits artésiens fournissent la force motrice à des machines.

§ IV. — *Cours d'eau.*

Droit à l'eau. Le propriétaire peut disposer des eaux des rivières qui ne sont ni navigables ni flottables traversant ou bordant sa propriété, à condition de rendre l'eau, après l'irrigation, à son cours ordinaire, en se conformant d'ailleurs aux réglements d'eau (art. 640 à 645 du code Napoléon). Toute personne peut également user de l'eau des rivières navigables et flottables, ou des canaux dont elle a obtenu la concession. La loi du 28 avril 1845 permet au propriétaire qui voudra se servir, pour l'irrigation de ses propriétés, des eaux naturelles et artificielles auxquelles il a droit, d'obtenir le passage de ces eaux sur les fonds intermédiaires, à charge d'indemnité, soit pour faire arriver ces eaux, soit pour évacuer les eaux superflues. La loi du 11 juillet 1847 accorde, en outre, au propriétaire, pour l'usage des eaux de même espèce, la faculté d'*appuyer* sur la propriété du riverain opposé les ouvrages d'art accessoires à la prise d'eau qu'il aurait l'intention de faire.

Prise d'eau. L'eau du cours d'eau arrive soit *directement*, ce qui n'a guère lieu que dans l'irrigation par submersion, le colmatage, le warpage, soit par prise d'eau et canal d'amenée : c'est le cas du plus grand nombre d'irrigations; sur un million d'hectares de terres irriguées, chiffre un peu enflé peut-être donné par M. Puvis, on compterait 850,000 hectares irrigués de cette manière; soit enfin par l'intermédiaire de grands canaux d'arrosage dont on parlera tout à l'heure.

Aucune prise d'eau, même sur une rivière ni navigable ni flottable, ne peut avoir lieu sans l'autorisation administrative obtenue du préfet du département, après visite d'ingénieur et enquête s'il y a lieu; toutefois, pour des cours d'eau torrentiels traversant des propriétés, et lorsqu'on ne peut préjudicier aux intérêts des tiers, on s'épargne les lenteurs de ces formalités. La prise d'eau se fait, soit avec *barrage*, soit par simple *déversoir*.

Le barrage est une espèce de digue à travers la rivière, afin de maintenir l'eau au niveau suffisant pour fournir à la prise. L'*emplacement* est choisi plutôt dans un rétrécissement que dans un élargissement du lit; le barrage est ordinairement perpendiculaire au cours de l'eau. Une hauteur de 0m50 à 1 mètre est souvent suffisante; dans les petits cours d'eau, elle doit rarement dépasser 2 mètres.

Sa forme varie quelquefois; il se compose de deux clayonnages analogues à celui de la figure 32, espacés de 1 mètre. On remplit l'intervalle de sable et de pierres, etc.; on appuie en talus sur les deux faces des pierres ou des gabions remplis de sable et de gravier, dont les figures 34 et 35 donnent le profil. Dans les Vosges, on emploie encore des barrages formés de branches de sapin couchées et pressées entre des pieux et chargés de pierres; mais le bois s'altère promptement dans les cours d'eau taris. La figure 38 représente un barrage rustique en charpente grossière et blocage : *a*, couronnement; *bb'*, entretoise assemblée comme au couronnement et à la base avec des pieux; *c*, prise d'eau et martelière. On préfère aujourd'hui la maçonnerie de béton ou de chaux hydraulique. On donne au barrage, soit un seul *glacis* en pente douce du côté du courant, soit un second en aval pour prévenir les affouillements que pourrait occasionner la chute de l'eau. Le *couronnement* est souvent d'une largeur égale à la hauteur de la digue. Il existe des barrages mobiles s'ouvrant ou se fermant d'eux-mêmes : tels sont ceux de M. Poirée et de M. Thénard; mais ces travaux ne rentrent pas dans notre cadre.

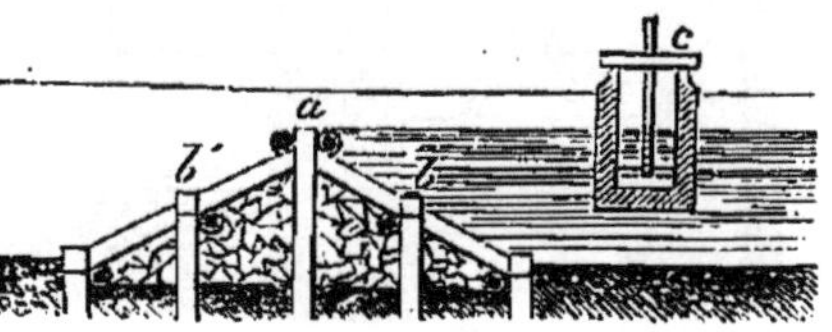

Fig. 38.

Pertuis. Quelquefois, le barrage ne fonctionne que pendant les basses eaux; alors on y pratique une ou plusieurs ouvertures appelées pertuis, s'ouvrant ou se fermant à volonté pour laisser passer les eaux des grandes crues, ou les bateaux si la rivière est navigable. Dans ce dernier cas, on adapte une écluse à sas.

Déversoir sans barrage. La prise d'eau s'opère par ce moyen quand le niveau du cours d'eau est déjà supérieur au fond à irriguer, ou qu'on doit régler la prise à une hauteur déterminée. Le déversoir se fait au moyen d'un barrage ou d'une vanne dans le canal d'embranchement, à peu de distance de la prise d'eau, dont l'entrée doit être protégée par des ouvrages en pierre, tels que revêtements, enrochement des rives, pilotis, murs, jouées, suivant le besoin.

Vannes ou martelières. On établit assez communément la prise d'eau au moyen de vannes différemment disposées. On rencontre fréquemment le modèle, vu de face en A, de profil en B (fig. 39); *a*, radier pavé ou dallé à la chaux hydraulique; *b*, seuil en bois ou en pierre ; *ii*, murs ou jouées dans lesquels sont encas-

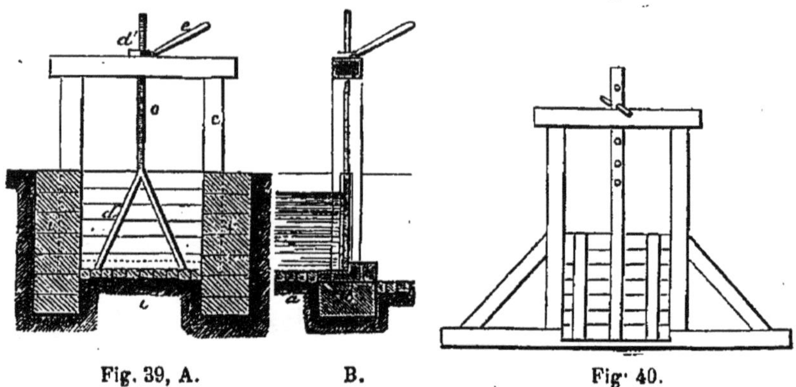

Fig. 39, A. B. Fig. 40.

trés les deux montants *c; d*, vanne de planches consolidées par une équerre en fer se terminant à son sommet par la vis *o; e*, clé avec laquelle on remonte la vis qui s'engage dans un écrou *d'* appuyé sur la traverse. Lorsque l'effort pour remonter la vanne doit être considérable, on remplace la vis par une crémaillère manœuvrée par le mécanisme du cric. On emploie encore des chaînes ou une simple cheville pour les petites vannes (fig. 40).

§ V. — *Canaux.*

Espèces. On peut distinguer : 1° les grands canaux d'irrigation, ou de navigation et d'irrigation à la fois, construits soit par l'État, soit par des compagnies ou des particuliers qui en ont obtenu la concession; 2° les petits canaux établis pour une propriété particulière.

Les grands canaux d'irrigation sont dans le midi de la France, et sont dérivés des cours d'eau des Alpes ou des Pyrénées ; les versants des Alpes fournissent à l'irrigation de plus de 80,000 hectares;

la Durance, l'Isère, le Drac, la Romanche alimentent les principales dérivations. La Durance seule arrose, par ses canaux de la rive droite, 23 à 24,000 hectares, et 21,000 par ceux de la rive gauche. Les principaux sont, rive gauche, les canaux de Saint-Julien, Cabedan, Crillon, Cambis, Brillanne, déjà anciens, et ceux récemment ouverts de l'Isle, Carpentras et Cadenet; celui de Carpentras doit arroser 7 à 8,000 hectares. Sur la rive gauche sont embranchés les canaux de Craponne (1,200 hectares); des Alpines, à peu près du même débit; le canal de Marseille, dont la portée est de 5 mètres cubes par seconde; ceux de Peyrolles, Cabanes, Châteaurenard, suffisants pour 6,000 hectares.

L'Isère compte 4,000 hectares environ arrosés par les canaux de la Tamanche, l'Isère, le Drac, etc., et les canaux de Bartelon, Marenas, en cours d'exécution dans le bassin de Grenoble. Ce chiffre pourrait être plus que quadruplé. Dans les Hautes et Basses-Alpes, les petits canaux sont très-multipliés; dans la Drôme, le canal de Pierrelatte, dérivé du Rhône, peut irriguer 800 hectares; Vaucluse possède, outre les canaux de la rive droite de la Durance cités plus haut, Brianne excepté, la fontaine de Vaucluse, dont le débit est, année commune, de 13 mètres à l'étiage. D'autres canaux sont en projet ou en cours d'exécution · les dérivations du Buech, de la Savernesse, de la Durance près Tallard, le canal de Gap, sont de ce nombre. On doit encore emprunter au Rhône pour l'irrigation de Beaucaire à la mer, et pour la Camargue. MM. Espeut et Estenave ont étudié un canal dérivé de l'Aude, qui arroserait 2,500 hectares dans un trajet de 24 kilomètres.

Les versants des Pyrénées sont beaucoup moins riches en canaux. M. Nadaut de Buffon ne pense pas qu'ils fournissent à l'irrigation de plus de 25,000 hectares, dont 15,000 au moins dans le Roussillon (Pyrénées-Orientales); quatorze principaux canaux, tels que ceux de Lascanals, d'Ile, de Thuir, de Perpignan et de Millas, et le nouveau canal arrosent plus de 10,000 hectares (celui de Perpignan et le nouveau canal 3,500 hectares chacun). Un nouveau projet de barrage à pratiquer au-dessus de Montlouis donnerait le moyen d'emmagasiner 23,000,000 de mètres cubes, et permettrait de compléter l'approvisionnement insuffisant de canaux existant pour irriguer plusieurs milliers d'hectares dans les Asprès (terrains non arrosés).

Dans les Hautes-Pyrénées, le canal dérivé de la Neste, en voie de confection en ce moment, devra ajouter 6,000 hectares aux 5,000 déjà arrosés; l'ensemble de grands réservoirs à établir aux abords du plateau de Lannemezan, projet dont les études sont terminées, fournira des ressources considérables à l'irrigation des vallées qui partent de ce plateau. Dans le sud-est, où le régime des irrigations ajoute une plus-value si grande au sol, il reste encore beaucoup à faire pour en étendre les bienfaits.

Direction. La première condition d'un canal d'irrigation est d'amener l'eau à un niveau supérieur à la surface à mouiller, afin qu'elle puisse s'y répandre par la simple loi de la gravitation; pour arriver à ce but on doit d'abord étudier les pentes, faire un nivellement, un tracé de la section en long; on devra souvent élever d'abord le niveau par un barrage (voir § précédent) qui conduira l'eau dans un bief dont les pentes soient ménagées de manière à la conduire au point convenable. Pour y arriver, il pourra être nécessaire de franchir un obstacle, une chaussée, une colline: on a recours aux *tunnels* si l'obstacle a une certaine étendue; si on rencontre un thalweg, pour le franchir on construit un pont en *viaduc*, *b* (fig. 41); pour une simple dépression, une buse en forme de siphon renversé, *a*, sera souvent suffisante; pour franchir des ruisseaux, le viaduc se réduira à une simple auge jetée en travers.

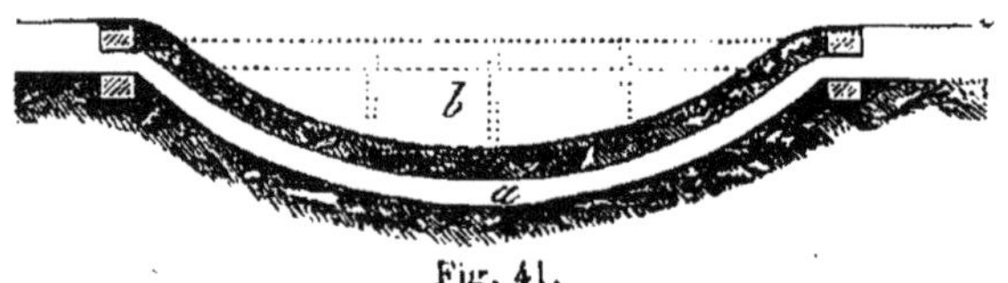

Fig. 41.

Pentes, sections. Un canal d'irrigation, à la différence des fossés de colature, doit aller en se rétrécissant successivement vers son extrémité. La pente, généralement faible, varie, dans les canaux, de 0m0002 à 0,0003, avec une surélévation de la ligne de flottaison *dd'* (fig. 42), au-dessus des terres à irriguer de 0m20 à

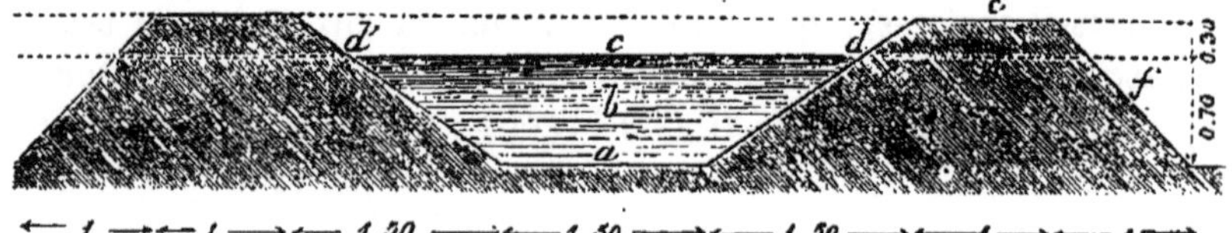

Fig. 42.

0m50. On indique, dans ce cas, pour la hauteur des berges endiguées, quand le canal est en remblai, 0m30 au-dessus de la ligne de flottaison, avec 1 mètre à la crête *e*, et des talus intérieurs *f*, gazonnés de 1/2 à 2 de base pour 1 de hauteur ; la profondeur ne doit pas excéder 0m75 ; il est préférable d'augmenter plutôt la largeur que la profondeur. La section du lit est nécessairement proportionnelle à la quantité d'eau qui doit y passer. Dans la figure, elle est de 4 mètres à l'ouverture *c*, de 2 mètres au plafond *a* ; section moyenne *b*, 1m50. M. Nadaut de Buffon indique, d'après Tadini, une formule pour calculer cette largeur, lorsqu'on connaît la pente *p* et la hauteur d'eau dans le canal ; on multiplie la hauteur d'eau *h* par 50, puis par la racine carrée du produit de la pente par la hauteur, et on divise le tout par la quantité Q d'eau nécessaire à l'irrigation ; on a $l = \frac{Q}{50\, h \sqrt{h\, p}}$. Cette formule donne des résultats un peu forts pour les petits canaux de dérivation. Du reste, on peut se baser sur les sections des canaux analogues admis dans le Piémont. Chaque mètre cube correspond à environ 2 mètres de la longueur de la section.

Pertes d'eau. Dans les circonstances les plus favorables, on calcule qu'il se perd au moins 15 p. 100 de l'eau des canaux par évaporation et infiltrations ; mais les pertes peuvent être beaucoup plus considérables au début de leur ouverture, par imbibition, fuites, etc. Les canaux à eaux troubles deviennent étanches beaucoup plus vite. Aussi est-ce un moyen de prévenir ces pertes que d'y jeter des sables fins et des terres qu'on remue avec des pioches et des râteaux. Si ce moyen est insuffisant, on emploie les corrois en glaise bien battue et pilonnée, par couches de 0m10 d'épaisseur ; enfin, on arrive au béton (voir *Constructions rurales*).

§ VI. — *Machines à élever l'eau.*

Le *plan incliné*, dans l'irrigation ordinaire, accomplit toutes les opérations : *amener* et *répandre* ; mais quelquefois on doit emprunter aux forces mécaniques ces deux moyens d'action, ou l'un d'eux seulement, c'est-à-dire élever l'eau à un niveau d'où elle se répande d'elle-même à l'aide de la pente, par rigoles à ciel ouvert ou souterraines, soit dans un réservoir d'où on la reprend pour l'épandre à la main, au tonneau, à la lance, etc. En tous cas, on doit employer les forces motrices animées ou inanimées.

Nous nous occuperons ici spécialement des appareils à élever et à répandre l'eau.

A. — Élévation à une hauteur de 0m50 à 1m50.

Seau ou baquet en bois, en osier garni de cuir, de tôle, contenant de 10 à 15 litres, à anse fixe ou mobile. L'ouvrier peut, suivant la hauteur, qui ne doit pas excéder 1m50, puiser, élever et vider, en une heure, 50 à 60 hectolitres à un mètre. Un homme, avec deux arrosoirs contenant 10 litres chacun, peut puiser et vider dans un rayon de 10 mètres 3 à 5 hectolitres à l'heure.

Nous supposerons, dans le calcul du travail des moteurs animés, un travail effectif de huit heures par jour, la journée d'homme à 2 fr., celle de cheval avec le conducteur 7 fr.; deux chevaux 15 fr.; si le travail ne durait qu'une heure ou deux, il serait proportionnellement beaucoup plus considérable. Nous ramenons également la mesure du travail à 1 hectolitre élevé à 1 mètre : ainsi 30 hectolitres élevés à 0m30 équivaudraient à 10 hectolitres à 1 mètre. On doit faire observer toutefois que suivant la machine, la position de l'ouvrier, la profondeur du puisard, etc., la proportion n'est pas toujours rigoureuse.

Ecope. Avec l'écope ordinaire de bateau, propre surtout à épuiser les flaques d'eau, un homme peut rejeter par heure 50 à 60 hectolitres à 1 mètre ; il pourrait projeter 25 à 30 litres d'eau ou de purin à 4 ou 5 mètres. L'écope à *seau*, commode pour certains usages, est moins favorable à l'emploi de la force.

L'écope hollandaise, dans sa forme la plus simple, est une large écope ou espèce de *van* à manche suspendu à une chevrette par trois cordes. L'ouvrier, après avoir puisé l'eau, pousse en avant l'écope qui se vide, ramène celle-ci sur lui en relevant la partie antérieure au moyen de l'appui pris sur la corde et puise de nouveau. Avec un engin de ce genre prenant 25 à 30 litres à la fois, un ouvrier peut rejeter 200 hectolitres à l'heure à 0m35 de hauteur.

Fig. 43.

Un autre genre d'écope hollandaise (fig. 43) consiste en une auge oblongue ouverte à la partie antérieure et portée sur des tourillons qui ont leur point d'appui sur le bord du puisard, de manière que la partie postérieure tombe dans l'eau et s'y remplit à l'aide de soupapes. Une corde fixée par une anse dans cette partie permet de la soulever, au moyen d'un levier, manœuvré par un homme ou tout autre moyen mécanique. Un homme peut, au moyen d'un levier, élever 5 hectolitres à 1m20 à l'heure, ou 160 par jour; ces appareils exigent une eau à niveau constant.

B. — Élévation à une hauteur de 2 à 6 mètres.

Seau à bascule. Il est suspendu par l'intermédiaire d'une corde, ou mieux d'une perche, au long bras d'un levier basculant sur un poteau de 1m50 à 2 mètres; une pierre fixée à l'autre extrémité du levier fait contre-poids; la perche a une longueur à peu près égale à la profondeur au-dessous du sol de l'eau à élever; le levier est un tiers plus long. Un homme peut élever, avec un seau de 15 litres, à une hauteur de 5 mètres, 16 hectolitres à l'heure, soit 800 hectolitres à 1 mètre. L'appareil peut coûter 60 à 80 fr.

Vis d'Archimède (fig. 44). On construit la vis en clouant ordinairement sur trois directrices ou filets en spirale distants de petites planches en chêne dont les joints sont calfatés et goudronnés, et qu'on appelle les *marches;* l'angle d'inclinaison de la surface héliçoïde avec l'axe est d'environ 0m60; la longueur de la vis, de douze à dix-huit fois le diamètre du canon, qui est lui-même trois ou quatre fois celui du noyau intérieur; on donne au diamètre du canon de 0m33 à 0m66; on place la vis de telle sorte qu'elle fasse un angle de 30 à 45 centimètres avec l'horizon; le niveau de l'eau dans le puisard doit monter un peu au-dessus de la base du noyau. On élève avec avantage l'eau de 2m50 à 3 mètres; on donne environ 40 tours à la minute. Une hélice de 6m49 de diamètre manœuvrée par 3 hommes travaillant par relais de 2 heures a fourni par heure 450 hectolitres à 3m30, soit par homme 165 hectolitres. En Angleterre, on remplace souvent l'enveloppe extérieure par un demi-cylindre fixe dans lequel une hélice se meut avec vitesse. Ces ma-

Fig. 44.

chines sont fréquemment mues par des machines à vent. Une vis de grande dimension, mue par 3 chevaux, peut donner plus de 120 hectolitres à l'heure; son prix varie de 600 à 800 fr. (Barral, *Traité du drainage.*)

Tympan perfectionné par Lafaye (fig. 45). C'est une espèce de tambour avec cloisons courbées suivant les développantes du cercle extérieur de l'axe et s'ouvrant à la périphérie, de manière à puiser l'eau qui monte dans leur intérieur jusqu'au centre du tympan où elle se déverse par une ouverture. Un tympan de 5m85 de diamètre à 24 cloisons plongeant de 0m24 dans l'eau, faisant 2 tours et demi par minute et mû par 12 hommes marchant sur une roue à chevilles élevait, par heure, suivant M. Perronnet, 1230 hectolitres à 2m60, soit 260 hectolitres par heure et par homme. Il a été construit par M. Cavé de grands tympans en tôle de 3m50 de rayon à 2 ou à 4 cloisons courbées en spire, élevant à 2 mètres environ, avec une puissance moyenne de 3 chevaux-vapeur, 3,333 hectolitres par heure.

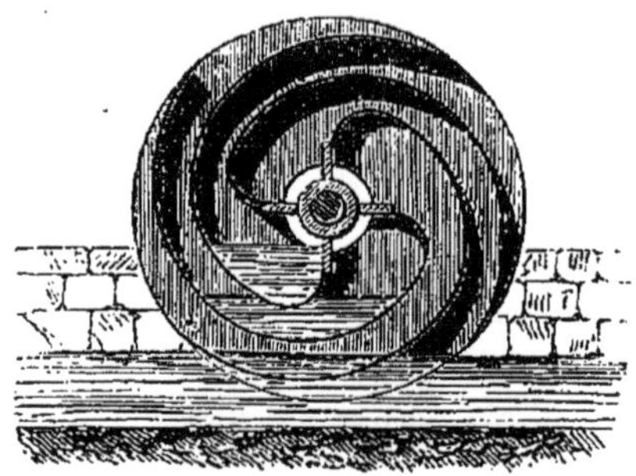

Fig. 45.

Quelquefois on imprime le mouvement au tympan à l'aide d'une roue hydraulique établie sur le cours d'eau où la machine puise ce liquide; dans les épuisements on emploie la vapeur; le tympan porte à son pourtour une roue dentée avec laquelle engrène une roue plus petite.

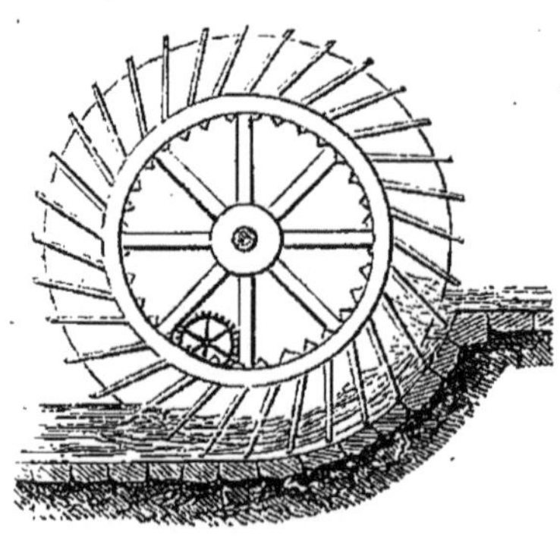

Fig. 46.

Roue à palettes (fig. 46), employée dans les Moëres du Nord et en Hollande, et mue par le vent ou la vapeur; cette roue se rapproche, pour la forme, des roues à aubes planes; elle tourne à la partie inférieure dans un coursier qui lui est concentrique en ce point, et ne laisse que l'espace nécessaire pour le passage des palettes qui poussent l'eau devant elles et l'élèvent à une hauteur un peu inférieure à la longueur du rayon; une roue de ce genre établie à la gare de Saint-Ouen, armée de 36 aubes, a la dimension suivante : diamètre total 10m672, hauteur des aubes 0m90, largeur 1m216, eau élevée en 1 heure à 4 mètres, 25,000 hectolitres, suivant M. Vallier Saint-Ange, à l'aide d'une machine à vapeur d'environ 45 chevaux : le mouvement est donné par le moyen d'une roue dentée portée par l'une des couronnes engrenant intérieurement avec une roue plus petite.

Roues à godets. Sur le pourtour latéral d'une roue on fixe des godets de 5 à 10 litres dont chacun s'emplit et se vide en un tour; l'eau est ainsi élevée à peu près de la hauteur du diamètre. On peut profiter pour ce travail d'une roue hydraulique mise en mouvement par une eau courante ou une chute ; les augets s'appliquent sur la roue même ou sur une autre avec laquelle celle-ci est mise en rapport par une chaîne, un engrenage, etc. L'effet utile n'est guère que de 0,60 de la force employée. Le jardinage du midi de la France emploie beaucoup de petites roues de cette espèce mues par un âne.

La noria diffère de la roue précédente en ce que les godets sont fixés à une chaîne (fig. 47) qui passe sur deux lanternes polygonales ou sur deux tambours partant des points correspondants aux charnières de la chaîne. En Egypte, en Espagne, les norias consistent simplement en un treuil sur lequel passe une corde garnie de pots de terre ; des bœufs donnent le mouvement à ce treuil par le moyen d'un manége rustique. Dans le Nord, la noria fonctionne mal dans les temps de gelées ; en revanche, ses seaux peuvent enlever des liquides bourbeux. (Emploi dans les bateaux dragueurs.) Une bonne noria d'Abadie, décrite par Daubuisson, avait les dimensions suivantes : lanterne, diamètre 0m45, chaîne 16m72, 26 chaînons portant chacun un seau de 15 litres, eau élevée à 5m30 et versée à 5m13 au-dessus du niveau du puisard ; le prix d'une noria de ce genre est de 500 fr. environ. Noria de Guilhem, de Toulouse, élevant l'eau à 4 mètres, 300 fr. Les *chapelets*, espèce de noria, consistent en une série de rondelles fixées, comme les godets d'une noria, sur une corde ou une chaîne, et se meuvent dans une buse ou tuyau tantôt vertical, tantôt incliné, et entraînent l'eau avec elles. Leur effet utile est peu considérable.

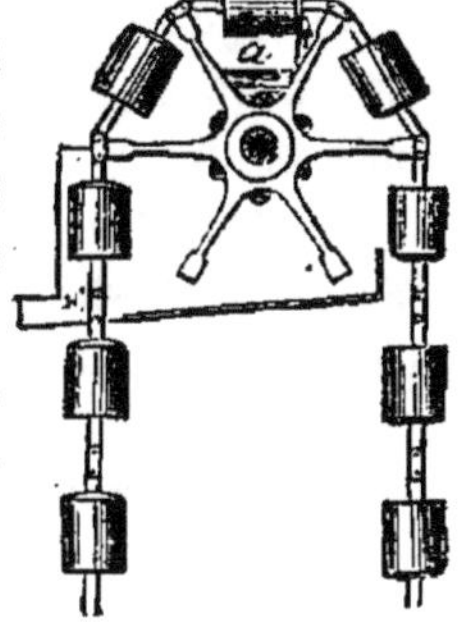

Fig. 47.

La pompe centrifuge d'Appold peut encore, dans les épuisements à peu de hauteur et qui comportent une installation fixe, rendre des services. On la construit à Mettray.

C. — Hauteur de plus de 6 mètres.

Les seaux à corde et à poulie sont moins favorables à l'emploi de la force que la bascule, mais sont d'une installation plus facile et peuvent puiser à une plus grande profondeur; à 8 à 10 mètres, un homme peut élever 16 hectolitres par jour, soit 124 hectolitres à 1 mètre. L'effet utile est d'un tiers en sus quand on opère avec deux seaux dont l'un monte quand l'autre descend.

Les seaux à treuil puisent à toute profondeur; l'ouvrier peut, en outre, effectuer un travail beaucoup plus considérable en employant des seaux plus grands; à 30 mètres, avec un seau de 50 litres, un homme peut élever par heure de travail 7 hectolitres, soit 200 à 1 mètre, et on obtient un travail d'un tiers en sus avec deux seaux. La corde de l'un se déroule quand l'autre remonte. Si le puits est très-profond, le treuil doit être plus long ou d'un plus plus grand diamètre pour recevoir l'enroulement des cordes. Dans le premier cas, le treuil est à deux manivelles, et on reçoit les seaux de chaque côté; dans le second cas, l'effort de l'ouvrier augmente avec le rayon du treuil; on ajoute un pignon à la manivelle et une d'engrenage au treuil. On peut encore substituer au treuil une grande poulie ou un hérisson sur lequel passe la corde ou la chaîne sans s'enrouler.

Machines à molettes, *manége des maraîchers.* L'appareil consiste en un tambour, tournant sur un axe vertical et tiré par un cheval attelé à la barre fixée à cet axe. Une corde fait deux ou trois tours sur ce tambour, et s'en détache de part et d'autre pour venir passer dans les gorges de deux poulies; à chaque extrémité de cette corde, une tonne de 80 à 100 litres est suspendue par une anse fixée aux deux tiers de sa hauteur, afin de faciliter le basculement; un crochet en saillie arrête le seau arrivé à l'orifice du puits et opère ce basculement. Quand le seau est vide, on doit retourner le cheval pour faire tourner le manége et le tambour en sens contraire. Cependant, on peut éviter cet inconvénient avec un mécanisme particulier, mais qui complique un peu l'appareil. A l'aide de cet engin, un cheval, auquel on doit ajouter un conducteur, peut, en moyenne, élever 40 hectolitres à l'heure à 10 mètres, soit 400 hectolitres à 1 mètre; à 30 mètres 30 hectolitres, soit 900 hectolitres à 1 mètre. L'avantage est dans la diminution des temps d'arrêt. Ce manége, dont le prix est d'environ 400 fr., tend toutefois à disparaître. On paraît devoir lui substituer les pompes.

Pompes. Ce sont les machines élévatoires les plus employées. Elles occupent peu de place, s'installent facilement, élèvent les liquides à toutes les hauteurs, s'appliquent à tous les services, se manœuvrent par tous les moteurs, ont une grande simplicité, et peuvent descendre à des prix modérés.

Toutes les pompes sont généralement *aspirantes*, c'est-à-dire qu'au moyen du vide fait à leur intérieur, l'eau s'y élève pressée par le poids de l'air. Or, ce poids équivalant à une colonne d'eau de 10 mètres environ, l'ascension du liquide atteindrait théoriquement cette élévation; mais le vide n'étant jamais parfait, la hauteur dépasse rarement 9 mètres, et, dans la pratique, l'action du piston ne s'exerce pas à plus de 6 à 7 mètres de la surface du puisard.

La pompe est tantôt *élévatoire*, quand le piston, muni d'un clapet, élève pendant sa montée l'eau passée à sa partie supérieure lors de sa descente. Elle est *foulante* quand le piston ne porte pas de clapet et refoule dans un autre corps l'eau aspirée. La pompe foulante est employée surtout pour élever l'eau à de grandes hauteurs et produire un jet pour l'arrosement, les incendies, etc.

La pompe à double effet élève l'eau pendant la descente et la montée du piston. Son jeu continu fait disparaître l'intermittence produite dans la pompe à simple effet par la descente du piston; mais on obtient ce même résultat en accolant deux corps de pompe qu'on fait mouvoir à la fois, et dont les eaux se réunissent dans une sortie commune; on adapte encore dans ce but à l'appareil un réservoir d'air comprimé, comme dans les pompes à incendie.

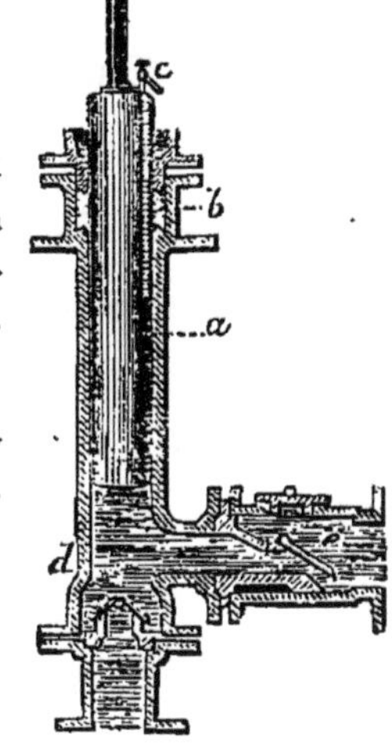

Fig 48.

Les pistons affectent diverses formes. En général, c'est le piston même qui porte la garniture et joue dans un corps alésé. Mais dans quelques pompes, on emploie un piston plongeur *a* (fig. 48), muni d'un conduit et d'une soupape *c* pour retirer l'air qui s'introduit toujours dans l'aspiration. Ce piston métallique joue dans une boîte à étoupe *b*, surmontant le corps de pompe *d*. L'aspiration se fait en *d* par deux valves, et l'eau s'échappe latéralement dans le refoulement par le clapet *e*. La figure représente une des huit pompes foulantes qui remplacent la machine de Marly.

L'aspiration est produite dans d'autres pompes dites *à soufflet* par un diaphragme qui, en se soulevant, laisse un espace que le liquide envahit. Enfin, dans les pompes rotatives de Stoltz, Dietz, etc., le piston est remplacé, soit par deux espèces de roues à dentelures profondes engrenant les unes dans les autres, soit par une pièce annulaire se mouvant excentriquement dans une cavité circulaire, et formant, suivant qu'elle s'approche ou s'éloigne des parois, un vide ou un plein desquels résulte l'aspiration ou le refoulement de l'eau.

On calcule l'eau que peut fournir une pompe en prenant le diamètre intérieur du piston et la longueur de sa course. On a ainsi le cube enlevé par chaque coup de ce piston. En comptant le nombre de coups par minute, on trouve la quantité d'eau fournie dans cet espace de temps; on déduit 1/10 environ pour perte résultant du vide incomplet, des fuites, etc. Soit 0m15 le diamètre du piston, 0m40 sa course, et 20 le nombre de coups par minute, l'eau élevée en ce temps $= (0,15 \times 0,15 \times 0,785) \times 0,40 \times 20 = 0,1408$, ou par seconde 2 litres 34. Si le puisard est à 6 mètres de profondeur, l'eau élevée équivaut à 14 litres élevés à 1 mètre, ou 14 kilogrammètres.

La pompe ne produisant, par suite des résistances et des frottements, que 0,70 environ de l'effet moteur, on doit ajouter à l'effort 4 kilogrammètres environ; la pompe exigerait donc l'effort de 1/4 cheval-vapeur, ou 2 hommes 1/2 dans un travail continu.

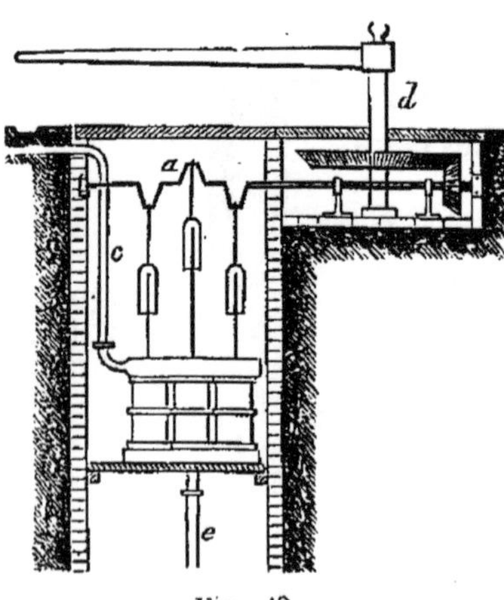

Fig. 49.

On manœuvre ordinairement les pompes à main à l'aide d'un grand levier appelée *brindeballe* ou d'une manivelle à volant; la transmission du mouvement des manéges se fait par l'intermédiaire d'un arbre portant un coude auquel s'ajuste le balancier. Pour les pompes à plusieurs corps, les coudes ou manivelles sont en nombre égal à celui des pistons. Comme on le voit dans la figure 49, qui représente une pompe foulante à trois corps et à manége *d*, il n'y a qu'un seul tuyau d'aspiration *e* et de refoulement *c* pour les trois corps; les tiges des pistons, raccourcies dans la figure, sont à joint brisé et avec guides pour conserver la verticalité du mouvement.

Dans les pompes ordinaires, le diamètre intérieur est de 0m10 à 0m30, les diamètres de 0m30 à 0m40 sont de grandes pompes; au-delà les appareils sont exceptionnels. Le général Morin indique, comme dimensions normales : vitesse des pistons, 0m16 à 0m25 par seconde; aire de l'ouverture masquée des soupapes, moitié de celle du corps de pompe; diamètre du tuyau d'aspiration et de celui de conduite, 2/3 de celui de ce même corps.

Parmi les pompes d'épuisement les plus puissantes, on peut citer les pompes à vapeur de Letestu, de Hubert, de Delaux d'Amiens; le piston de la machine, dans ces dernières, produit directement l'aspiration ou le refoulement : les pompes de Letestu, de Delpech, dite Castraise; la pompe de Christiern, pompe à soufflet, élèvent des liquides boueux. La pompe Hervé à manége, d'un bas prix, mais grossièrement construite, peut, avec le travail de relais de deux hommes, élever par heure 1,200 hectolitres à 2 mètres. M. Bouvet, à Paris, construit une pompe d'épuisement très-puissante : travail annoncé, 600 hectolitres à l'heure.

Voici l'effet utile de quelques pompes que nous avons pu observer :

Pompes avec manége à un cheval, de Lequesne, à 8 mètres de profondeur ; par heure, 12 hect., ou 960 hect. à 1m. Prix : 1300 fr.
Autre de Dumont, 13 mèt., 100 hect., ou 1300 hect. à l'heure, 800 fr.
Autre, 32 mèt., 27 hect., ou 864 hect. à 1m, 1500 fr.
Autre, 55 mèt., 25 hect. à l'heure, ou 1375 à 1m, 2000 fr.
Autre à manége, 2 chevaux, 43m, 60 hect. à l'heure ou 2580 à 1m, 2500 fr.
Ces trois dernières de Lequesne, à Paris.
Autre de Dubray (Oise), 33 mèt., 70 hect., ou 2300 hect. à 1m, 1500 fr.
Pompes domestiques à 1 homme, 12 mèt., 40 hect. à l'heure, 460 hect. à 1m, 250 fr.
— 8 à 10 mèt., 12 hect à l'heure, 80 à 100 hect. à 1m, 60 à 100 fr.; ordinairement fixées sur une planche qu'on pose à demeure.

On emploie encore dans les fermes les pompes locomobiles comme celle de Faure, déjà citée. Les grands fabricants anglais, Fowler, Walter, cotent de 25 à 60 fr. des pompes pouvant s'adapter à l'arrière d'un tonneau d'arrosement pour l'emplir. A 2 ou 3 mètres de profondeur, on emplit un tonneau de 4 hectolitres en 15 minutes, soit 16 hectolitres à l'heure.

Il faut ajouter à ces dernières pompes les tuyaux d'aspiration et de conduite, dont les prix varient suivant la matière et la longueur. Voici le prix approximatif du mètre de quelques tuyaux de 0m05 de diamètre, et le poids du mètre :

Plomb............	9k	8f	»	Caoutchouc........	0k	9	à	10f
Fonte............	9	3	»	Papier bitumé......	4	2	à	3
Tôle bitumée.......	3	2	50	Conduits en cuir........		7	à	8
Gutta-percha.......	0	7	»	— en toile........		2	à	3

§ VII. — *Prix de revient de l'eau.*

Ce prix varie tant, d'après les circonstances, qu'on ne peut donner à cet égard que des approximations que nous emprunterons à quelques faits d'observation.

Canaux. Les prix par hectare sont en général peu élevés, la redevance ayant été fixée en argent, et la valeur monétaire ayant beaucoup baissé depuis leur établissement, ou des conditions particulières ayant modifié les redevances. Dans les canaux les plus récents, nous trouvons les prix suivants :

Par hectare : canal des Alpines, 150 litres de froment; branches du Lamanon, pour les prés 85 fr., les haricots 45 fr., les pommes de terre 35 fr., céréales 80 fr., semis et terres vaines 100 fr., 30 oliviers 23 fr.; canal de Marseille, 60 fr.; canal de Pierrelatte, 50 fr.

Réservoirs d'après M. Pareto, prix extrêmes : le mètre cube, 6c2 à 0c77; prix moyen, 0c2; d'après M. Hervé Mangon, de 1m70 à 0m26, moyenne, 0c48.

Eau élevée par les machines : par moulin à vent, 0c69; par pompes de maraîcher à un cheval, 0c5; par baquetage à bras, écopes ordinaires, vis d'Archimède, 0c5; par tympan, 0c35; par noria à un cheval, 0c30; par seau à bascule, 0c26; écope hollandaise, 0c20; pompe d'épuisement par vapeur, 0c10.

SECTION IV. — ÉTUDES ET TRAVAUX PRÉPARATOIRES.

Ces études sont analogues à celles dont il a été question à l'occasion du drainage. Elles porteront sur le climat, le sol, les eaux, les conditions locales. *Le climat :* suivant qu'il est plus brûlant ou plus humide, les irrigations acquièrent ou perdent de l'importance; *le sol :* des sondages seront utiles pour reconnaître sa *nature;* une terre argileuse imperméable sera peu favorable à l'irrigation; un fonds trop perméable exigera trop d'eau. La *pente* déterminera le système d'irrigation à suivre; on aura recours au nivellement, d'après les méthodes indiquées dans notre première division. Dans une irrigation de quelque étendue, le plan est indispensable pour bien établir les fossés principaux d'amenée ou de colature et diriger les travaux.

Les *eaux :* la quantité moyenne de pluie tombée, celle qu'on peut recueillir, celle fournie par les sources et les cours d'eau.

La nature des eaux, leur composition, leur température, etc.

Les *conditions économiques :* le prix comparé des fourrages et des autres produits du sol, les débouchés, la main d'œuvre pour le travail à opérer, les matériaux.

Les travaux consisteront spécialement en terrassements, fouilles, déblais, remblais. On a parlé des canaux; les *fossés de dérivation* et de *colature* sont beaucoup moins importants; l'ouverture dépasse rarement 1m50 et descend plus fréquemment à 0m50. On leur donne des talus de moitié à un quart pour 1 de hauteur, et moins, dans des terres très-consistantes; ils n'auront que la profondeur strictement nécessaire, l'absorption augmentant avec la profondeur. Les rigoles ont quelquefois les berges verticales. On peut admettre les prix suivants au mètre courant :

Dérivations....	Larg. moy.	0m 60	Prof. 0m 60	Cube. 0m 360	0f 07
Fossés.......	—	0 40	0 40	0 240	0 055
Rigoles......	—	0 25	0 20	0 100	0 01

Fouilles de pêcheries, de petits réservoirs, 0c25 le mètre cube; plus maçonnerie, s'il y a lieu.

Piochage et régalage avec jet de terre à 2 ou 3 mètres; construction de petites digues, celle-ci étant prise à portée, 0 fr. 25 à 0 fr. 30 au mètre cube; *fascinage* de 0m20 d'épaisseur; 4 piquets, battage des piquets, façon des fascines et pose, 0 fr. 60 à 0 fr. 80 le mètre carré; *tunnage* (piquets enfoncés et entrelacés de verges), 0 fr. 10 le mètre carré, matériaux fournis sur place.

Les **constructions** consistent en *empellements* dont on a déjà parlé, en *ponceaux* à jeter sur un fossé; un fort madrier en remplit l'office. Si le ponceau a plus de longueur, on emploie avec économie des perches posées d'un bord au fond sur le bord opposé, et formant, en se croisant entre elles, un angle supérieur qu'on remplit de pierres et de gazons; on fait encore quelques *cassis* dans les chemins qu'un ruisseau doit traverser.

Outils. Le louchet et la pelle, déjà indiqués figures 10 et 11, peuvent être employés; la pelle de l'irrigateur est moins arrondie du bout et légèrement courbée; on ajoutera une pioche ayant au côté opposé un tranche-gazon (fig. 50), qui remplace la hache des prés, la molette tranchante. On emploie quelquefois, mais rarement, des charrues rigoleuses; celle de Schwertz est déjà ancienne; MM. Trischler, Moysen, en ont présenté dans les concours; celle de Grignon est représentée de profil fig. 51, en plan fig. 52 et 53: A, régulateur; B, sabot déterminant la profondeur de la rigole; CC, coutres tranchant les parois; D, coutrière en fonte présentant plusieurs mortaises dans lesquelles se fixent les coutres, suivant la largeur qu'on veut donner à la rigole.

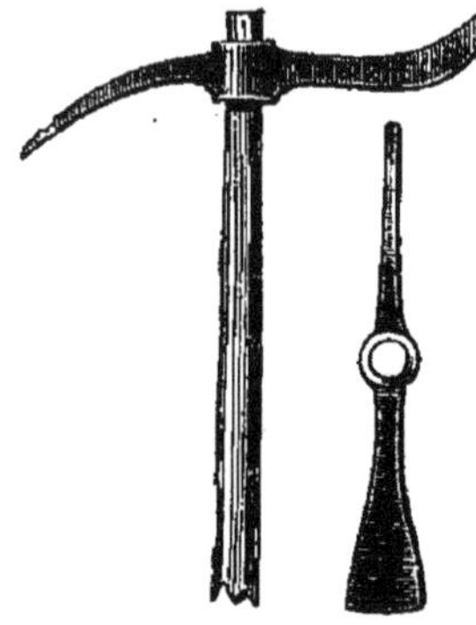

Fig. 50.

Fig. 51.

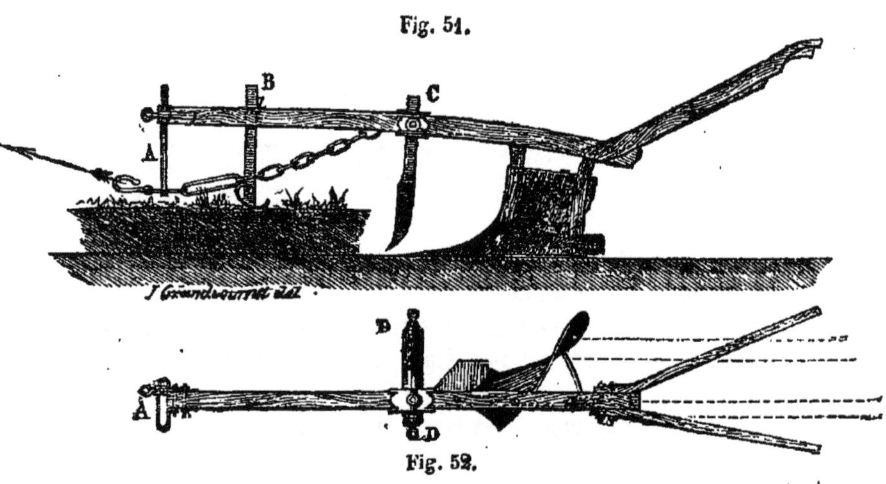

Fig. 52.

Beaucoup d'autres instruments ou outils ont été proposés ou employés pour le travail des prés. Ainsi, pour les travaux considérables de terrassement ou nivellement, on a conseillé la *pelle à cheval* ou *ravale;* on doit à M. Hallié, de Bordeaux, une ravale ingénieuse culbutant d'elle-même par le simple effort du cheval; son prix est de 125 fr. Le *rabot à cheval* employé par les frères Simon consiste en une simple planche placée en avant d'un train tiré par un cheval; à l'aide de ce rabot, on peut former rapidement des ados.

Le *rabot des prés*, particulièrement introduit pour détruire les taupinières, consiste en un cadre muni à sa traverse intérieure d'une lame de fer et garni de branchages. De forts rouleaux pour consolider les terrains bourbeux, des tombereaux à larges jantes pour le transport des terres, ou des cages de tombereaux superposées à des rouleaux en guise de roues, ont quelquefois été employés dans des terrains de même nature. La *batte*, la *dame*, le *rabot à main*, pour unir et affermir le sol, sont des outils souvent en usage.

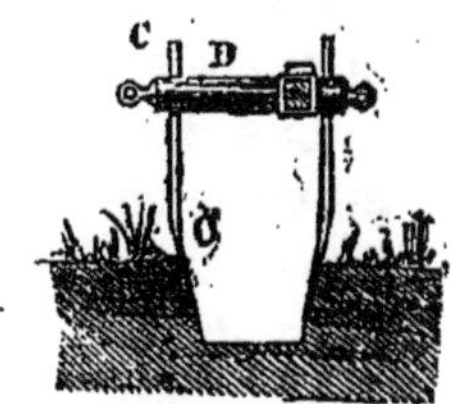

Fig. 53.

SECTION V. — SYSTÈMES D'IRRIGATION.

On peut distinguer six méthodes principales d'irrigation : 1° l'irrigation par submersion et inondation; 2° l'irrigation par rases; 3° l'irrigation par rigoles de niveau, à laquelle nous rattacherons l'humectation par les eaux pluviales; 4° l'irrigation par ados en planches ou demi-planches; 5° l'irrigation par infiltration; 6° l'irrigation par canaux souterrains avec pression, à laquelle on réunira l'arrosage aux instruments.

§ Ier. — *Irrigation par submersion et inondation.*

Définition. Cette irrigation consiste à couvrir, pendant un temps convenable, la surface à arroser d'une couche d'eau retenue par des digues. L'irrigation par inondation se produit naturellement par suite des crues, et couvre les terrains avoisinants dont le niveau est au-dessous de la crue elle-même. Quelquefois, les terrains, en prévision des inondations, sont pourvus de digues et de déversoirs, vannes ou colatures, pour modérer ou régulariser l'action du débordement et écouler les eaux qui en proviennent; mais ce sont plutôt des ouvrages de défense qu'un système de submersion réel.

Conditions. L'irrigation par submersion s'applique aux terrains de faible pente, 0m01 au plus par mètre, n'ayant pas une perméabilité trop grande, quand on dispose d'eau en quantité assez considérable, ou que ces eaux sont chargées d'un limon dont on veut profiter. Cette irrigation convient pour détruire certains animaux nuisibles; elle demande plus d'eau, souvent plus de terrassements, et se règle moins facilement.

Les dispositions sont variées. Quelquefois, le canal d'amenée est en remblai avec son plafond au niveau du sol à arroser; on divise ce terrain en compartiments entourés d'une digue de 0m50 environ, destinée à retenir une couche d'eau qui ne doit pas dépasser 0m40. L'eau entre dans un compartiment du canal d'amenée par une vanne, et peut être évacuée dans un autre compartiment à un niveau inférieur par une autre vanne de sortie. La figure 54 donne le plan de l'irrigation par submersion d'une petite vallée plate, au sommet de laquelle est une source abondante *a*. La vallée est divisée transversalement par de petites digues *bb′b′* de 0m50 au point le plus bas du thalweg, où passe le fossé d'amenée qui est également colateur. Cette digue forme une courbe et vient se raccorder

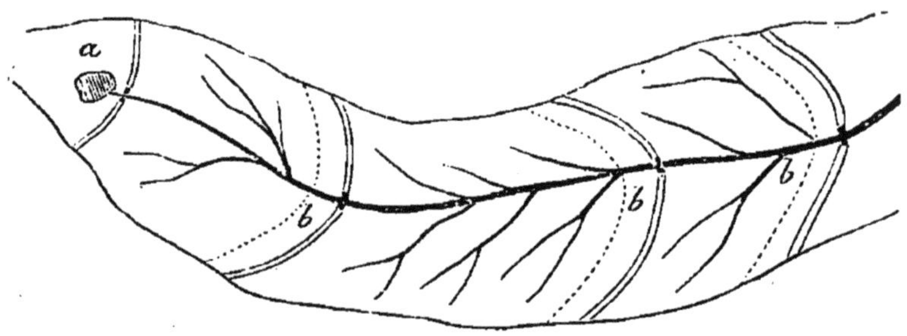

Fig. 54.

avec le sol aux deux côtés de la vallée. Son talus, très-incliné et gazonné, est de 12 de base pour 1 de hauteur à l'intérieur; le talus extérieur, de 1 1/2. Pour irriguer un compartiment, il suffit de fermer la vanne inférieure *b′*, par exemple, et d'ouvrir la vanne supérieure *b* jusqu'à ce qu'il soit rempli. Si on dispose de beaucoup d'eau, on peut laisser couler au-dessus de la vanne le trop plein dans le compartiment voisin. On peut également traverser un des compartiments sans l'irriguer, et submerger seulement le compartiment suivant. Pour mieux retenir l'eau, l'emploi de buses ou d'une bonde fermant plus hermétiquement est avantageux.

Irrigation. L'eau peut séjourner assez longtemps, jusqu'au printemps; il faut l'ôter, cependant, lorsqu'on reconnaît à une certaine écume blanche paraissant à la surface qu'elle se putréfie. On donne, au printemps, une première irrigation de 10 à 12 jours; on vide le pré pour en donner une nouvelle de 3 jours, quand le sol est ressuyé; puis enfin, une troisième de 2 jours. On doit cesser quand l'herbe commence à s'élever. Après la première coupe, on donne un ou deux arrosages de 24 à 48 heures au plus.

§ II. — *Irrigation par rases.*

Définition. Elle consiste en rigoles ramifiées amenant suivant les pentes du terrain l'eau prise au canal d'amenée, et dont le superflu est repris par des colateurs.

Conditions. Cette irrigation fréquemment employée, parce que le cultivateur peut tracer ses rigoles sans s'aider du niveau, en se faisant suivre par l'eau, se prête aux inégalités du terrain, s'accommode de pentes depuis 0,003 jusqu'à 0,1 par mètre. Elle utilise les

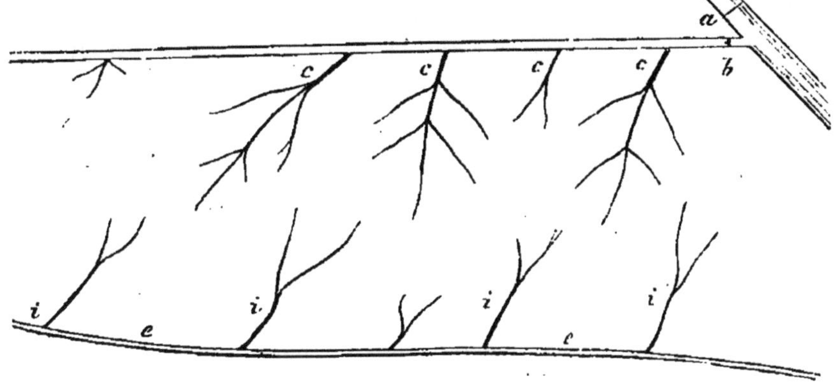

Fig. 55.

petites quantités d'eau et n'en dépense pas une masse considérable si elle est bien conduite.

Disposition. La figure 55 présente une irrigation par rase: *a* barrage d'un cours d'eau en amont duquel a lieu la prise d'eau par empellement *b* du fossé d'amenée. Des rigoles de distribution *ccc* partent de ce fossé; à tous les 40 ou 50 mètres, suivent les points culminants de la prairie, en se ramifiant par rigoles secondaires nommées épis ou rases, qui diminuent successivement de largeur comme la rigole de distribution elle-même; elles se terminent en pointe en déversant sur leurs bords et à leur extrémité l'eau qui est reprise par les colateurs *iii*, et versée dans un fossé de décharge *d*. Ce fossé peut donner origine à d'autres rases. M. Pareto s'est bien trouvé des proportions suivantes (il disposait de beaucoup d'eau).

Rigoles distributrices : profondeur constante de 0,20 à 0,25 ; largeur à la prise d'eau 0,45, après la première ramification 0,30 et 0,15 après la seconde. Rases : 0,25 à l'origine ; pente légère de 0,001 à 0,005 ; longueur 20 à 25 mètres ; écartement de deux paires de rases, variable, suivant la pente et les accidents du terrain, de 5 à 10 mètres. Les colateurs peuvent se ramifier au point de départ ; leur ouverture, de 0m20 à 0m25 en commençant, peut, suivant la quantité d'eau, arriver à 0m50. Les rigoles de niveau destinées à recevoir les colateurs et à fournir elles-mêmes à d'autres rases doivent avoir une profondeur de 0m18 à 0m20, avec un profil analogue à celui des rigoles de niveau.

Les eaux descendant des champs supérieurs peuvent être reçues par une rigole ceinture de laquelle on fait partir des rases, comme l'indique la figure ; on peut encore la déverser dans d'autres rigoles de niveau, tracées d'après la méthode inscrite au paragraphe suivant.

III. — *Irrigation par rigoles de niveau.*

Définition. Ce système consiste en rigoles à peu près de niveau tracées en travers des pentes, et déversant par leurs bords supérieurs l'eau qu'elles reçoivent d'un canal d'amenée.

Ce système est préféré par beaucoup d'irrigateurs, comme utilisant mieux l'eau, d'une manière plus régulière, et exigeant moins de terrassements. Il faut pour cette méthode des pentes de 0m01 au moins ; elle réussit bien sur des pentes très-fortes de 0m15, 0m20 et plus. La pente peut n'être pas régulière, mais le sol ne doit pas offrir de dépressions ni de monticules ; il ne doit pas être trop perméable.

Disposition. La plus généralement admise dans ce système est indiquée par la figure 56 : *a*, canal d'amenée ; souvent il couronne le terrain et est presque à niveau ; ici il le contourne en traversant les rigoles qu'il peut alimenter de chaque côté : la pente, dans ce cas, est peu considérable, 0m01 à 0m03 ; sa profondeur est de 0m50 à 0m80 au plus. Son bord inférieur est en remblai, et soutenu par une petite digue qui maintient le niveau de l'eau à une hauteur suffisante. On le partage au besoin en petits biefs au moyen de vannes.

Les *rigoles secondaires, bbbb,* sont à niveau parfait. L'eau s'y accumule pour se déverser par-dessus le bord, s'étend sur le terrain, et ce qui n'est pas absorbé retombe dans la rigole immédiatement au-dessous. La figure 57 donne le profil d'une rigole. L'ouverture

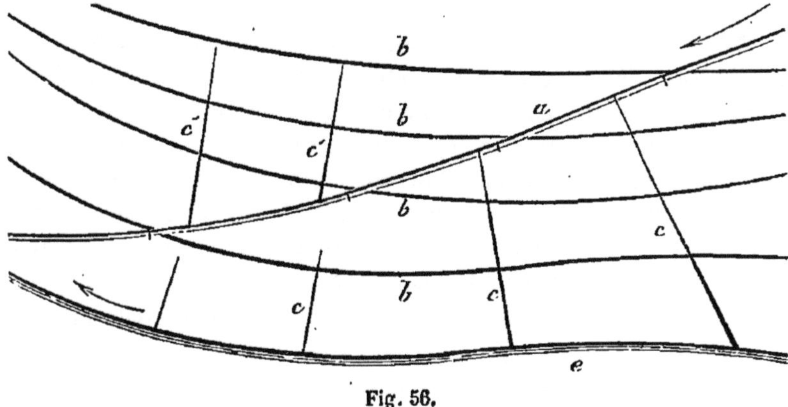

Fig. 56.

b d a 0m33; profondeur de *a* en *c*, 0m20; talus inférieur 1/5, talus supérieur 1 1/2. On fait la rigole en enlevant un gazon qu'on place en *a* en l'appuyant fortement. Le talus *d c* est gazonné. La distance des rigoles entre elles, souvent inégale par suite du niveau du sol, ne doit pas cependant dépasser 13 mètres, d'après M. Keehloff; M. Pareto admet, suivant les pentes et l'abondance d'eau, le *maximum* de 40 mètres.

Fig. 57.

Les colateurs *cccc*, qui peuvent fournir de l'eau aux rigoles de niveau qui en manquent, communiquent pour la plupart avec le canal d'amenée au moyen d'une vanne ou d'une buse; elles ont une largeur de 0m25 à l'origine, sur une profondeur de 0m30, et jusqu'à 0m40 à leur extrémité; on les trace dans la ligne de plus grande pente et dans les thalwegs.

Ces rigoles sont tracées au niveau d'eau. Les deux bords de la rigole sont marqués par des couples de piquets dont l'écartement indique la largeur, et la tête la hauteur du bourrelet. L'ouvrier règle ce bourrelet à l'aide d'une ficelle tendue; s'il est habile, il peut faire par jour de 10 heures 100 mètres de rigoles de niveau et 150 mètres de colatures au prix de 0 fr. 015 les premières et 0 fr. 01 les secondes. Un bon niveleur, avec deux hommes, peut tracer et piqueter de 5 à 8,000 mètres de rigoles de niveau.

§ IV. *Irrigation en ados, planches et demi-planches.*

Définition. Dans ce système, le sol est disposé en une suite d'ados (fig. 58) dont C représente le profil et A le plan. Sur le sommet de chaque ados existe une rigole de déversement *b*, dont l'eau s'échappe de chaque côté pour arroser les deux ailes *dd* en s'écoulant dans les colateurs latéraux *cc*, pour se rendre dans le colateur général *ee*. L'eau est amenée dans la rigole de déversement par la rigole de distribution *o*, s'embranchant avec le canal d'amenée *a*. Un chemin d'exploitation règne aux deux extrémités.

Ce système est particulièrement applicable aux fonds plans ou

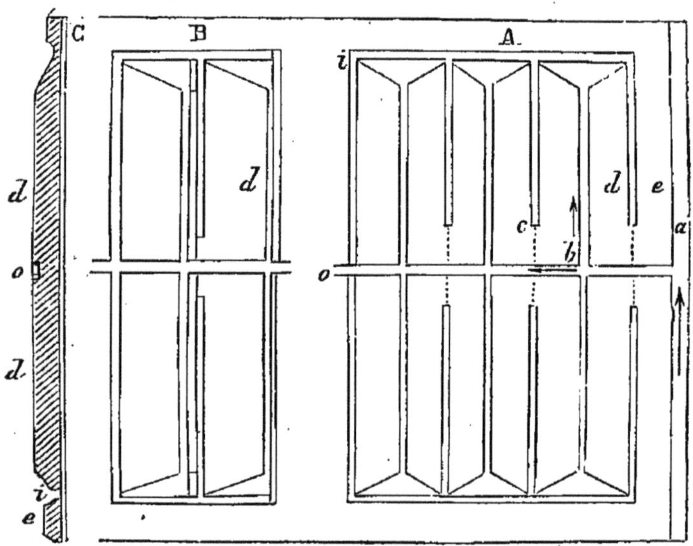

Fig. 58.

dont la pente est minime, moindre de 0,003. On ne l'applique pas à des pentes dépassant 0,02 à 0,03. Dans ce cas, on a recours aux demi-planches, et l'on crée alors des pentes factices. Il est convenable pour assainir des fonds humides et tourbeux. C'est une des opérations où se manifeste le talent de l'irrigateur. On ne peut reprocher à ce système que son prix d'établissement élevé et son entretien. Ce mode d'opérer est appliqué aux marcites en Italie ; en Allemagne, il a valu aux irrigateurs de Siegen la réputation dont ils jouissent ; on le trouve en France dans les Vosges et sur d'autres points.

Disposition. Voici les dimensions indiquées par les divers auteurs, Puvis, Pareto, Keehloff, Villeroy, qui se sont occupés de ce genre d'irrigation :

Largeur des planches : de 9 à 10 mètres dans les terres perméables, jusqu'à 30 mètres sur les terrains argileux. La dépense d'eau est beaucoup plus considérable dans les planches étroites.

Longueur des planches : 90 mètres au plus suivant Pareto, jusqu'à 200 mètres d'après Puvis ; une longueur moyenne de 25 mètres a été adoptée en Campine par M. Keehloff. Du reste, une même planche peut varier dans sa largeur, d'une extrémité à l'autre, si la forme du terrain l'exige.

Hauteur de la planche à la crête : variable d'après la largeur de la planche et la nature du sol. Pareto indique des planches de 30 mètres de large avec une hauteur de 0m30 à 0m60, ce qui fait une pente de 2 à 4 p. 100 ; pour les planches de 6 mètres, 0m05 à 0m20, ou pente de 1 à 3 p. 100.

Longueur de la rigole de distribution : 200 mètres au plus ; la pente devant être de 0m0005, on établit plusieurs biefs avec chute par une buse et une vanne à l'extrémité. On donne à cette rigole une largeur de 1 mètre à l'ouverture, 0m50 au plafond, profondeur 0m25. M. Pareto règle ainsi la profondeur de la rigole de distribution : « Supposons, dit-il, que la profondeur des rigoles de déversement soit de 15 centimètres, nous donnons à la rigole de distribution 0m50 de profondeur d'eau ; la rigole de déversement de la première planche a son fond à 0m45 plus haut que le fond du canal, et prend ainsi l'eau à la surface ; la deuxième rigole de déversement a son fond à 0m40, la troisième à 0m35, ainsi de suite jusqu'à la dixième, qui a son fond de niveau avec celui du canal. On comprend qu'à mesure que le canal se vide, les rigoles peuvent prendre l'eau à un niveau plus bas.

Rigoles de déversement b, largeur 0m25, profondeur 0m15 à 0m20, se serminant à 0m50 de la colature *i*.

Rigoles d'égouttement c, commençant à 1 mètre de la rigole de distribution ; largeur 0m25, profondeur 0m20 à 0m25.

Rigoles de colature c et *i :* mêmes dimensions que celles de la rigole de distribution.

Tracé et construction. Un nivellement, un plan précéderont le tracé qui, exécuté sur ce plan, sera reproduit sur le terrain. On marque par des piquets placés de 10 mètres en 10 mètres la direction des *rigoles de distribution* à partir du canal d'amenée ;

on fixe la longueur des biefs ; on détermine le plan moyen de la surface, c'est-à-dire son niveau si toutes les inégalités avaient disparu, et que les dépressions fussent remplies aux dépens des parties élevées. Ce plan marque la moitié de la hauteur de l'ados mesuré à la crête, la fouille de la moitié de la planche devant servir à rehausser l'autre moitié, afin d'éviter les transports de terre. Pour tracer les planches, on détermine la pente à l'aide du niveau d'eau; on place deux forts piquets aux extrémités de leurs ados, de manière que la tête de ces piquets arase l'ados même ; on détermine de même les thalwegs où se placerout les colateurs, en enfonçant dans des trous des piquets dont le sommet indiquera ces thalwegs. Souvent on commence par faire les planches à la charrue en *endossant* jusqu'à quatre ou six fois de suite, et plaçant la dérayure dans les thalwegs. On unit les ailes, quand on opère en grand, à l'aide d'une espèce de rabot à cheval ; les frères Simon en ont les premiers fait usage. Le rouleau s'emploie encore pour bien tasser la terre. Le relief, ainsi établi grossièrement, se finit à la main à l'aide de la pelle et de la pioche. Dans des établissements ou reconstructions de prairies de peu d'étendue, on procède quelquefois en enlevant les gazons pour les replacer ensuite sur les ados terminés; mais ceci entraîne à une dépense considérable qu'on ne peut pas, pour enlèvement, conservation et replacement du gazon, estimer à moins de 3 centimes par mètre superficiel, 300 fr. par hectare. — En tous cas, on n'exécute les rigoles que lorsque le sol est enherbé. Pour des demi-planches on procède d'une manière analogue.

Les prix d'établissement de l'irrigation par planches dans la Campine sont ainsi établis par M. Keehloff (il opérait sur de très-grandes surfaces) :

Tracé des travaux	10 fr.	»
Défoncement du sol à 0m60	150	»
Nivellement (terrassement, parachèvement des ados)	90	»
Engrais	350	»
Mise à niveau des rigoles et toilette des travaux	50	»
Semences et ensemencement	84	50
Plantations pour abris	7	»
Buses, vannes, usure d'instruments	18	75
Journées diverses d'ouvriers	8	50
	768	75

Il conviendrait sans doute d'ajouter la rente du sol, les frais de direction et les frais généraux, dont le chiffre doit être de quelque importance.

§ V. — *Irrigation par infiltration.*

Ce système, assez rarement appliqué, consiste à humecter le sol au moyen de rigoles qu'on remplit à une hauteur rapprochée de celle de la surface du terrain; les sols très-humifiés, les sables gras dont l'action absorbante est très-grande, peuvent être humectés de cette manière. Pour produire de bons effets, l'eau doit être courante et se renouveler; il s'en consomme alors une grande quantité. Ce système existe naturellement dans les plaines à *waterings*, du Nord et du Pas-de-Calais, où l'eau des fossés est, par les digues, maintenue à une hauteur constante; cette eau toutefois est rarement courante.

§ VI. — *Irrigation souterraine.*

On peut en distinguer plusieurs espèces; l'une qui consiste en une nappe d'eau courant à peu de distance de la surface du sol; c'est jusqu'à un certain point l'irrigation par infiltration; l'autre tout artificielle, qui amène l'eau par des conduits souterrains pour la répandre dans le sol même, comme on l'a proposé pour l'irrigation des racines des arbres. On cite encore une irrigation à Hoffwil, consistant en canaux souterrains percés de trous qu'on bouchait à volonté pour faire refluer l'eau. On a proposé d'opérer de même avec les tuyaux de drainage, ce qui ne paraît pas très-praticable avec le drainage profond.

Dans un troisième système, on amène seulement les eaux par des conduits souterrains, au moyen du drainage dans des réservoirs ou des rigoles suffisamment élevées pour fournir à l'irrigation. C'est là une excellente méthode à encourager, mais qui exige une disposition particulière du terrain. M. Barral cite des essais faits dans cette voie chez M. le comte de La Mothe, dans l'Aube; dans la ferme de Villiers, arrondissement de Fontainebleau; chez M. Jacquet, en Vendée.

Ce système a l'avantage d'épargner l'eau qui se perd en partie par l'imbibition dans les rigoles ouvertes, et de ne pas occuper la surface du sol. De petits réservoirs ou de simples tonneaux placés de distance en distance reçoivent l'eau, qui est puisée et répandue à l'arrosoir, à l'écope, au tonneau à bras ou à cheval.

Dans ce système, le réseau de conduits peut être en tuyaux de poterie à collets cimentés à leur joint. Si on doit arroser à bras, les petits réservoirs doivent être au moins de 40 par hectare, les conduits de 500 mètres, disposition qui coûtera au moins 1,500 fr. par hectare. Quant à l'arrosage à bras, un homme, avec deux arrosoirs de chacun 10 litres, ne pouvant répandre chaque jour, dans un rayon de 30 mètres du réservoir, que 2 mètres cubes à peu près, le prix du mètre cube serait de 1 fr.; en admettant que, dans ce système où aucune portion de l'eau n'est perdue, 1,000 mètres cubes par an soient suffisants, l'irrigation reviendrait à 1,000 fr., plus 150 fr. pour intérêts à 10 p. 100 de l'installation: total 1,150 f., arrosage praticable seulement pour les jardins. A l'écope, l'arrosage revient 1/3 de moins, soit 0 fr. 76. Si à l'arrosage à la main on substitue l'arrosage au tonneau, on pourra diminuer des 3/4 les réservoirs et les tuyaux. D'un autre coté, on peut admettre qu'un tonneau de 1 mètre cube, traîné par un cheval, pourra être rempli à la pompe et vidé trois fois par heure ; soit 24 mètres en 8 heures et 10 fr. la dépense journalière, le prix du mètre cube répandu sera de 0,42 environ, ou 420 fr. par hectare.

Dans le système avec *pression*, et en supposant une charge d'eau de 10 mètres, nous rentrons dans les conditions du système tubulaire dont nous avons parlé ailleurs.

Supposons 0 fr. 05 le prix du mètre cube élevé à 10 mètres, c'est celui de l'eau des réservoirs du bois de Boulogne, les frais d'installation 350 fr. par hectare, soit 35 fr. par an, ou par mètre cube 0 fr. 035, frais généraux 0 fr. 10; épandage au tonneau 0 fr. 30, total 0 fr. 48,5 par mètre cube, ou 485 fr. par hectare. A la lance, les frais généraux peuvent s'élever à 10 centimes, mais le prix d'épandage est beaucoup réduit. Un homme peut répandre à la lance 24 mètres cubes par jour, soit 10 centimes le mètre cube. Prix de revient total, 0 fr. 385, ou 385 fr. par hectare.

SECTION VI. — PRATIQUE DE L'IRRIGATION.

§ Ier. — *Nord et Centre.*

Automne et hiver. En septembre, dans le mois qui suit la récolte des regains, on répare les vannes, les barrages, on recure les canaux et l'on commence les irrigations. En octobre, l'arrosage sera aussi complet que possible; on laisse la prairie couverte une ou deux semaines au plus, on l'assèche et on l'aère. En novembre, irrigation moins prolongée ; on agit de même en décembre, en irriguant et asséchant pour faire pénétrer avec l'eau l'air et les gaz dans le sol; mais on cesse complètement l'irrigation, aussitôt que la gelée est à craindre. En janvier et février, on interrompt l'irrigation; si la prairie est submergée ou qu'on soit surpris par la glace, on se garde de retirer l'eau.

Printemps. On ne recommence l'irrigation qu'en mars, lorsque la gelée n'est plus à craindre ; si on redoute la gelée blanche, on n'irrigue pas, à moins qu'on ne puisse donner un arrosage abondant. L'arrosage sera de moindre durée qu'en automne; la terre sera mouillée et asséchée alternativement. Si la prairie doit être déprimée, on ne met les bestiaux que 15 jours après l'eau retirée. Le déprimage, dont on abuse en général, ne doit pas se prolonger au-delà de la première quinzaine d'avril.

Été. On arrose par alternative de 3 à 4 jours en avril et mai, préférablement la nuit dans ce dernier mois, ainsi qu'en juin. On cesse plusieurs jours avant la fenaison, pour donner ensuite l'irrigation avec ménagement quelques heures par semaine, et la nuit ordinairement; dans les terres argileuses moins fréquemment.

§ II. — *Sud.*

Dans la Provence et le Languedoc, la végétation des graminées ne subit qu'un court temps d'arrêt; une troisième coupe peut quelquefois avoir lieu à la fin de l'automne. Pendant l'hiver, la pousse hivernale est une importante ressource pour le pacage des bestiaux. On arrose périodiquement tous les 6, 8 ou 10 jours. On divise même par compartiments submergés, et pendant un petit nombre d'heures seulement. Dans le Languedoc, les irrigations faites à l'aide des crues d'automne servent surtout pour l'amendement des prairies, par les limons que les eaux charrient. Les irrigations ne subissent d'interruption qu'en janvier et une partie de février, lorsqu'on craint les gelées.

Les prairies artificielles, dont on fait 5 ou 6 coupes dans l'arrondissement de Vaucluse, sont arrosées par submersion, après chaque coupe, avec une lame d'eau de 0m08.

Un irrigateur peut suffire à 25 ou 30 heetares de prés. Quelques ouvriers sont ajoutés pour la fumure et les principaux curages.

CHAPITRE IV. — IMPRODUCTIVITÉ DUE AU SOL.

§ Ier. — *Terres incultes. Statistique.*

Système de culture. La mise en valeur des sols dont l'improductivité résulte de leur nature rentre en grande partie dans la culture proprement dite, et se modifie suivant le système qui doit être appliqué.

En classant ces systèmes suivant leur valeur productive, on trouve : 1° le pacage ou le pâtis temporaire, soit avec les grands bestiaux, soit avec le mouton et la chèvre, dernier terme de la productivité ; 2° la production forestière ; 3° l'herbage, pâturage plus riche ; 4° la culture céréale, pastorale ou mixte ; 5° la culture céréale avec fourrages artificiels ; 6° les cultures commerciales et vigneronnes ; 7° la culture jardinière. Chacun de ces degrés de culture correspond fréquemment à un état plus ou moins développé des forces productives du pays. Aussi, un auteur, Royer, les avait-il caractérisés sous le nom de *périodes* forestière, pacagère, fourragère, céréale, prenant ainsi chaque période comme un échelon du progrès cultural. Vrai à certains égards comme point de vue historique, ce système n'implique pas cependant une marche nécessaire dans la mise en valeur de la culture. Fréquemment, on passe avec avantage de la lande défrichée à la culture commerciale, et même de la culture céréale au pâturage ; la petite culture substitue souvent au pâtis la culture alterne. En résumé, la nature du sol, sa position géographique, le capital, les engrais, la main d'œuvre, les débouchés déterminent la préférence à donner à tel système ; dans un sol médiocre de très-faible valeur, avec une main d'œuvre rare, des débouchés insuffisants, on laissera une part plus grande à la force productrice de la nature à la jachère, à l'herbe, à la végétation forestière. On opérera par le temps, on étendra l'action des forces dont on dispose sur une plus grande surface, ce qu'on a caractérisé sous le nom de système *extensif*. Dans des conditions différentes, sur un sol riche, avec des ressources en engrais, en main d'œuvre, on restreindra l'application de ses forces sur un plus petit espace, on agira par le *capital*, on adoptera le *système intensif*.

Statistique de terres incultes. L'étendue des terres incultes, telles que landes, pâtis, rochers, tourbières, etc., était en nombre rond de 11,000,000 en 1813, de 9,000,000 en 1840, et de 7,000,000 en 1850. Si la progression a continué, le chiffre actuel ne devrait pas dépasser 6,500,000.

En comparant les chiffres de la statistique de 1840 à ceux de la statistique de 1850, les départements dont l'étendue en terres incultes a subi dans l'intervalle des deux époques la plus grande diminution sont les suivants : le chiffre indique le nombre d'hectares des terres incultes mis en valeur de 1840 à 1850.

Allier	169,000	Haute-Loire	45,000	Gironde	24.000
Cantal	149,000	Dordogne	42,000	Tarn	24,000
Aveyron	136,000	Aube	40,000	Côte-d'Or	24,000
Gard	94,000	Var	39,000	Seine-Inférieure	22,000
Indre	92,000	Nièvre	38,000	Haute-Garonne	21,000
Cher	89,000	Creuse	36,000	Aude	21,000
Lozère	60,000	Maine-et-Loire	33,000	Oise	20,000
Loire-Inférieure	58,000	Marne	33,000	Lot	19,000
Haute-Vienne	58,000	Saône-et-Loire	32,000	Pas-de-Calais	18,000
Puy-de-Dôme	53,000	Basses-Pyrénées	30,000	Seine-et-Oise	18,000
Charente	50.000	Sarthe	30.000	Moselle	16.000
Nord	48.000	Calvados	28,000	Ille-et-Vilaine	15,000
Ardèche	45,000				

L'énorme diminution qu'on remarque dans le chiffre des landes des trois premiers départements n'est pas entièrement due, nous le pensons, seulement à la mise en valeur réelle des terres incultes, mais à une différence dans le classement de la statistique de 1850. On a placé au rang des prés des terres considérées comme pâtis dans les statistiques de 1840.

Pour les départements suivants, l'étendue des terres incultes a subi une augmentation dans la statistique de 1850. Peut-être ce fait doit-il être attribué en partie aux bases de classification adoptées. Toutefois, en faisant même la part de cette circonstance, l'état stationnaire des départements sous le rapport de la mise en valeur de leurs terres incultes paraît réel. Le nombre d'hectares de terres incultes de plus en 1850 qu'en 1840 est pour ces départements, savoir :

Loubs	92,000	Jura	14,000	Mayenne	5,000
Iandes	42.000	Bouch.-du-Rhône.	13,000	Morbihan	5,000
Hautes-Alpes	26,000	Vienne	10.000	Loire	1,000
Manche	24,000	Finistère	10,000	Eure-et-Loire	1,000
Charente-Inférre	23,000	Ariége	9,000	Bas-Rhin	3,000
Hautes-Pyrénées	22,000	Côtes-du-Nord	6,000	Haute-Saône	3,000
Dsére	19,000	Vaucluse	6,000	Vosges	3,000

Si la statistique est exacte, il y a évidemment pour ces départements une dépréciation dans la valeur productive de leur sol, si surtout cette augmentation s'est produite aux dépens de la destruction des bois, comme pourrait le faire craindre le rapprochement suivant. Les forêts ont diminué de : Hautes-Alpes, 79,000 hectares; Vosges, 77,000; Morbihan, 46,000; Ariége, 40,000; Jura, 34,000; Landes, 31,000; Hautes-Pyrénées, 30,000; Basses-Pyrénées, 192,000; Gironde, 40,000; Loir-et-Cher, 31,000.

Les départements qui ont, au contraire, essayé de consolider l'œuvre du défrichement par la prairie sont les suivants; leurs prairies ont augmenté de :

Cantal..........	149,000	Loire-Inférieure..	35,000	Basses-Alpes.....	16,000
Cher...........	64,000	Haute-Loire.....	34,000	Allier..........	13,000
Nord...........	60,000	Gironde.........	27,000	Haute-Garonne...	13,000
Aveyron........	59,000	Loire...........	25,000	Sarthe..........	10,000
Bouch.-du-Rhône.	44,000	Haute-Vienne....	23,000	Côte-d'Or.......	10,000
Nièvre.........	37,000	Ain.............	20,000	Puy-de-Dôme....	9,000
Indre..........	35,000	Maine-et-Loire...	18,000	Jura...........	9,000

Ont replanté : la Loire-Inférieure, le Loiret, la Vendée, les Bouches-du-Rhône, la Charente-Inférieure, la Dordogne, les Pyrénées-Orientales, le Haut et le Bas-Rhin, le Var, le Vaucluse, la Haute-Vienne.

Division des terres incultes. Les sols improductifs ou peu fertiles par suite de leur nature appartiennent en général aux classes suivantes : 1° sols de roche dure peu désagrégeable; 2° sols de sables inconsistants; 3° sols de graviers et de galets; 4° sols de craie; 5° sols tourbeux; 6° sols de landes, non compris dans les catégories précédentes.

§ II. — *Roches dures. Landes des montagnes.*

Ces roches, assez ordinairement composées de granits, syénites, porphyres, grès durs, calcaires siliceux consistants, si elles sont en pentes abruptes et sous un climat sec, sont à peu près stériles. La petite culture arbustive profite quelquefois des parties bien exposées pour amasser dans les anfractuosités du sol ou de petites terrasses en gradins un peu de terre où s'implantent les racines de la vigne, de l'olivier, du châtaignier; sur les parties moins rapides et les plateaux, si la roche est fendillée, il s'établit à la longue une végétation arbustive débutant par les mousses, les graminées, les cytises, les broussailles, et qui protège la végétation des essences forestières, pins, sapins, mélèzes, hêtres, etc.

Quelquefois, la vigne plantée dans ces roches fendillées donne de beaux résultats, comme sur le porphyre des bords du Rhône.

L'étendue des terres incultes de montagnes constitue la masse des sols improductifs; le groupe du sud-est, Basses et Hautes-Alpes, Isère, Drôme et Bouches-du-Rhône, en renferme plus de 1,400,000 hectares. Celui du sud, Gard, Hérault, Ardèche, Aude, Aveyron, Lozère, 110,000 hectares; l'Auvergne et le Limousin, 480,000 hectares; la chaîne des Pyrénées, 825,000. En 4 départements, total : près de 3,000,000 d'hectares.

Une loi récente (28 juillet 1861) affecte une somme importante à l'encouragement du reboisement des montagnes par les particuliers, les communes, et même au reboisement par l'État, lorsque ces reboisements ont un caractère conservateur et d'utilité publique.

§ III. — *Sables inconsistants.*

Ces terrains, très-étendus sur beaucoup de points du littoral de l'Océan, se présentent sous la forme tantôt de grandes plaines ou landes, tantôt sous celle de collines sablonneuses nommées *dunes*. Ces dunes s'observent près de Dunkerque, de Boulogne, d'Étaples, sur quelques points des côtes de Bretagne, de la Vendée, mais surtout dans les landes de Gascogne. Déplacés par les vents, ces sables ont, à diverses époques, envahi des champs cultivés et des villages: Zuitcote (près Dunkerque), Escoublac (Finistère), Minizan (Landes). On évalue leur étendue à 80,000 hectares environ; 60,000 seulement existent dans les landes de Gascogne, dont 46 à 48,000 hectares sont aujourd'hui fixés; le reste est également l'objet des travaux de l'administration forestière. Dès 1787, Brémontier, le premier, avait remarqué que la première opération de la fixation des dunes devait s'attacher d'abord à la plage à peu près plane des sables les plus rapprochés du rivage, sur laquelle les sables rejetés par la mer glissent, sans s'arrêter, jusqu'aux premières dunes, qu'ils accroissent sans cesse. Pour cette fixation, Brémontier eut recours à deux moyens: d'abord, recouvrir les semis de branches de pin, l'extrémité tournée vers la mer, retenues par des crochets enfoncés dans le sable; 2° établir en avant des abris en clayonnages; ces moyens sont encore employés aujourd'hui; on a seulement, dans ces derniers temps, substitué les palissades en madriers aux clayonnages, et les flancs sont protégés par des cordons de branches de pin ou d'ajoncs. On sème ordinairement à la volée sur le sable et sans aucune préparation préalable; sur le semis, on jette à plat des branchages taillés en éventail, et dans les intervalles des branchages les ramilles qu'on en a détachées; on répand du sable sur le tout. On sème ordinairement en même temps du gourbet (*arundo arenaria*) et du genet; 25 kil. de graines de pin, 8 de genêt et 5 de gourbet par hectare.

Des travaux remarquables pour la fixation des dunes ont été faits dans le Pas-de-Calais par M. Adam, à Condette, près Boulogne; par M. Dalloz aux environs d'Étaples. Un rapport remarquable de M. Rendu (*Moniteur des Comices*, 1860) décrit les moyens d'amélioration employés avec succès par M. Adam. On distingue dans le Pas-de-Calais les sables des dunes en *sables blancs*, sans végétation; *sables gris*, défrichés ou non. Les sables gris, suivant qu'ils sont arides ou favorablement placés pour recevoir un peu d'humidité, se couvrent plus ou moins d'une végétation où domine le gourbet, appelé oyat sur cette côte, les *elymus*, *carex* et *poā arenaria*, l'*ononis*, l'onagre, le topinambour, et comme buissons, l'argousier (*hippophaē rhamnoïdes*), le troëne, les ronces, etc. Ces dernières plantes représentent la deuxième période de la végétation.

Tout essai de mise en valeur débute par la plantation à la bêche des oyats, à l'aide de plants enracinés à 0m25 ou 0m40 de distance. Les plantations de bois résineux se font ensuite, soit par semis à la volée ou en poquets, de juillet en octobre, soit par repiquage, d'octobre en février, époques différentes de celles choisies dans les landes de Gascogne, mais mieux appropriées aux dunes de la Manche; les bois feuillus de l'aulne, le peuplier, le saule, le bouleau, le chêne même, réussissent; dans le Midi, le tamarin, l'alaterne.

Dans les landes sableuses, beaucoup plus étendues que les dunes, les bois sont également la base de la mise en valeur du sol, et dans ces derniers temps, de grandes entreprises de reboisement ont été faites dans les Landes de Gascogne par le domaine impérial et par de riches capitalistes, MM. Péreire et Javal. On consultera avec fruit les rapports de M. Crouzet sur les travaux exécutés depuis 1857 sur le domaine impérial. Une loi du 19 juin 1857 a été faite en vue du reboisement des landes communales et de la création de routes et de canaux.

L'*alios*, tuf ferro-organique siliceux, formé à peu de profondeur par des matières organiques délayées et agglutinées par de la silice à l'état gélatineux, établit sous la plus grande partie des sables non calcaires une couche imperméable de 0m20 à 0m60 d'épaisseur, qui transforme ces sols en marécages l'hiver, et les rend arides l'été en empêchant l'eau inférieure de remonter. Ce tuf, qu'on retrouve dans la Campine et dans quelques parties de la Sologne, est, dans les landes de Gascogne, un des plus graves obstacles au développement de la fertilité des landes sablo-tuffeuses; un défoncement qui brise la couche du tuf peut seul assurer la mise en valeur de ces terrains. Pour la culture des pins, M. Chambrelant a essayé un procédé particulier, qui consiste à dessécher le sol par rigoles ouvertes pour évacuer l'eau superflue, et à creuser des citernes pour donner l'eau aux jeunes arbres au moment de la sécheresse. On obtient ainsi une végétation arbustive plus rapide et plus fructueuse, mais les inconvénients du sous-sol subsistent.

§ IV. — *Sols de graviers et galets; sols rocheux.*

Sols de galets. Les plaines de la *Crau*, et les rives de quelques fleuves, du Rhin, de la Moselle, présentent des spécimens de ces sols ingrats. L'irrigation a été employée sur les galets de la Moselle par MM. Dutacq, Binguerre. Le colmatage paraît être le moyen le plus efficace pour donner à la Crau une couche végétale; lorsque cependant, comme dans la vallée du Rhin, les galets sont mêlés de veines sableuses, on peut opérer par tranchées, au fond desquelles on jette les cailloux en superposant le sous-sol, méthode, du reste, exceptionnelle et très-dispendieuse, que nous avons vu employer à Oswald et au Muroff, près Strasbourg. Le produit des épierrements est encore employé pour les chemins et clôtures. Dans les argiles pierreuses, les pierres trouvent un emploi dans le drainage. On rencontre quelquefois également dans ces sols de galets, comme dans la vallée du Rhin, un tuf de cailloux agglutinés formant sous-sol imperméable. M. Barthélemé s'est bien trouvé, pour percer ce tuf, d'un drainage vertical consistant en un certain nombre de coups de sonde.

Roches cachées. Blocs erratiques. Si ces blocs sont d'un volume moyen, on les enlève à l'aide de leviers; on les fait sortir par un plan incliné creusé sur le bord du trou. On les charge avec la charrette qu'on fait basculer sur l'essieu, ou un fardier, des treuils portatifs, etc., ou on les enfonce hors de l'atteinte de la charrue en les faisant descendre dans un trou plus profond.

La mine s'emploie pour faire éclater les roches trop volumineuses qu'on ne peut briser à la masse de fer ou à l'aide de coins. On fait dans le roc un trou de 0m30 à 0m40 de profondeur et de 0m032 à 0m034 de diamètre, avec des fleurets à ciseau qu'on tourne d'une main en frappant de l'autre avec un maillet en fer, ou bien avec des *aiguilles* ou *barres* à mine aciérées et tranchantes à leur extrémité, qu'on soulève et qu'on fait retomber avec force dans l'ouverture commencée au ciseau : on charge de 0 k. 06 à 0 k. 09 de poudre de mine ou de guerre; on bourre avec de l'argile sèche qu'on refoule avec un refouloir ou cheville en bois et un maillet. Avant le bourrage, on place le long de la paroi du trou une épinglette en cuivre et non en fer, de 2 millimètres de diamètre qui, retirée, forme une *lumière* dans laquelle on introduit la poudre d'amorce soit à nu, soit enfermée dans un tube de sureau ou dans un chalumeau ; un ou plusieurs morceaux d'amadou sont placés sur cette mèche. On doit prendre beaucoup de précaution en bourrant la poudre pour ne pas provoquer d'explosion.

§ V. — *Sols de craie, etc.*

La mise en valeur de ces sols est intéressante à étudier en raison de la surface considérable qu'ils occupent (dans la Champagne principalement). On peut les distinguer en *craies pures, craies gréveuses, craies sableuses;* les premières prêtent mieux à une amélioration durable.

Les avantages des pays de craie sont : un sol plan, léger, facile à cultiver, salubre pour les hommes et les animaux, des communications et des débouchés faciles ; inconvénients : population rare, main d'œuvre chère, sol découvert, souffrant de la sécheresse.

Procédés de mise en valeur. Le *boisement,* le *pâturage ovin avec jachère* et *sainfoin,* les *fumures.* Ces moyens sont souvent employés simultanément.

Le *boisement,* plus largement pratiqué en Champagne il y a 30 ans qu'aujourd'hui, et dont M. Segala de Brimont, les frères Saint-Denis, M. Charpentier, furent les premiers propagateurs, se pratique de différentes manières ; la meilleure paraît être la plantation simultanée d'arbres résineux (le pin sylvestre presque exclusivement) et d'arbres feuillus, parmi lesquels le marceau (vordre), l'aulne, le bouleau, le sycomore, le peuplier. On plante sur planches de 1 à 2 mètres endossées pour accumuler le meilleur sol, en alternant les pins avec le marceau cultivés en broussailles pour servir d'abri et fournir pendant la croissance du pin un petit revenu qui paie les façons et en partie l'intérêt des avances. On compte par hectare, façons et plantation, 100 fr. A 15 ou 20 ans, le bois se repeuple lui-même, et on exploite; le sol s'est enrichi d'une masse d'humus qui en triple la valeur; on peut alors le soumettre à une culture soutenue.

Le **Pâturage** pendant une ou plusieurs années, suivi d'une récolte, est l'ancien système; la prairie artificielle, sainfoin principalement, a modifié ce système en donnant du fourrage pour la bergerie et l'étable, un pâturage meilleur et du fumier pour les champs. Mais ce système doit être un point de départ, et doit s'aider, pour se développer, d'autres ressources, telles que fumier ou engrais amenés du dehors, engraissement à l'étable à l'aide de tourteaux et fourrages achetés.

La *fumure immédiate* à forte dose établit plus solidement la base de la mise en valeur du reste du domaine, en assurant la production des prairies artificielles; mais le prix excessif du fumier, 10 à 12 fr. le mètre cube enfoui, ce qui porte la fumure quelquefois à 800 fr. par hectare, ne permet d'agir que sur une petite étendue. En résumé, plantations sur les points éloignés, ou plus près comme abris, pâturages, jachères sur une portion, forte fumure, élevage du mouton, tel est le système qui paraît avoir mieux réussi; du fumier frais, des engrais verts, des composts riches en terreau, donnent de bons résultats; les phosphates, les cendres ont ici peu d'effet; l'écobuage ne doit pas être conseillé.

§ VI. — *Sols tourbeux.*

La mise en valeur et la culture de ces sols est dispendieuse; elle doit presque toujours être précédée d'un assèchement par rigoles ouvertes ou un drainage; les rigoles qui maintiennent l'eau à 40 ou 50 centimètres de la surface du sol sont préférées par quelques personnes, en supposant toujours une eau non stagnante. Le drainage avec fascines d'aulne, ou même des drains en tourbe sèche, ont été employés en Angleterre; des marnes ou des terres qui s'élèvent quelquefois à 500 mètres cubes et plus à l'hectare, sont ensuite amenées par des canaux ou des railways en bois, quand le sol n'est pas assez ferme, enfin de puissants rouleaux passent sur le sol mélangé. Quand la couche de tourbe est peu profonde, on ramène à la bêche ou à la charrue des terres du sous-sol qu'on mélange; c'est une bonne fortune quand cette terre est calcaire.

§ VII. — *Terres de landes.*

Nous comprendrons sous cette dénomination générale ces terres non calcaires ordinairement en plaine, qu'on rencontre encore, quoique moins étendues aujourd'hui, dans le nord-ouest et le centre de la France, où elles sont désignées sous le nom de *landes*, *brandes*, *bruyères*, etc. C'est dans la Bretagne, le Berri, la Sologne, la Sarthe, la Vendée, etc., qu'on observe principalement les terres de cette espèee.

Dans les cinq départements de la Bretagne, le Maine, la Vendée, où subsiste encore la plus grande étendue de landes, 900,000 hectares, le sol est argileux, argilo-schisteux, sur les schistes les micaschistes et les talchistes; là sont les landes les plus ingrates; il est argilo-siliceux ou siliceux sur les granites plus ou moins tendres, les grauwacques, les phillades, etc., mais partout le phosphate ou le calcaire sont les éléments premiers de la mise en valeur.

Dans le Berri, le Poitou, la Sarthe en partie, les landes sont sur des terres de transport déjà recouvertes de limons argilo-siliceux, assez souvent rapprochées des gîtes calcaires et plus faciles à transformer; le sol d'une partie de la Sologne, sable maigre ou acide sur argile imperméable, a contre lui, outre la médiocrité, l'insalubrité de ses étangs.

La nature des différents sols de landes a déterminé le choix de méthodes de mises en valeur variées.

La Bretagne, avec son climat humide, ses vents de mer, a procédé par la prairie, le pâturage, les enclos, les plantations, l'emploi du noir, la culture du chou à vache, l'amodiation parcellaire; la création de petites métairies appropriées à la culture pastorale mixte a aidé à la mise en valeur dans la Loire-Inférieure, l'Ille-et-Vilaine, où les défrichements ont pris le plus d'étendue.

Dans le centre, les bonnes landes argilo-siliceuses du Berri et du Poitou ont pu passer immédiatement à l'aide du noir et plus tard des calcaires, dans le domaine de la charrue. La prairie ou le pâturage ont cependant été augmentés aux dépens de la lande dans une proportion assez considérable. La Sologne, la Brenne ont fait des plantations étendues.

En résumé, dans la mise en valeur des landes, il y a trois procédés principaux employés seuls ou simultanément. L'amélioration du pâtis par la transformation en prairie ou pâturage, le boisement, la mise en terre arable. La clôture ou le défrichement doit précéder l'une ou l'autre de ces méthodes.

Clôture. On clôt par des fossés dont nous avons donné les détails précédemment. Ordinairement : fossé 1m05 de profondeur, 1m20 d'ouverture, butte de 0m50 ; trois plants au mètre, 12 à 15 centimes le mètre courant; sans plantation ni butte, 6 à 7 centimes : on fait quelquefois le fossé en deux fois, d'abord seulement à 0m50 de profondeur ; on achève et on plante au printemps. En Bretagne, les *masses* de *fossés* sont beaucoup plus considérables et sont plantées d'arbres.

L'amélioration du pâturage sans défrichement se fait par le simple brûlis des landes et bruyères dont la cendre féconde le sol, par l'essartage des touffes, par le semis en genestières dans les sols légers et sains ; mais dans ce cas, un défrichement à la charrue et le semis du genêt dans un seigle est préférable.

Le défrichement a lieu sans écobuage, ou par ce procédé : sans écobuage, on coupe ou on brûle la bruyère et les ajoncs, suivant qu'on veut ou non les utiliser ; si on brûle, on allume du côté opposé au vent ; on coupe la bruyère sur une largeur de plusieurs mètres, là ou doit s'arrêter le brûlis ; un cordon d'ouvriers armés de bâtons restent sur cette lisière pour se rendre maîtres du feu.

Le défrichement à bras se pratique lorsqu'on doit *défoncer* un tuf ou enlever des racines trop nombreuses et trop fortes ; si on le fait comme dans la Campine à 0m50, on ne peut pas compter moins de quatre-vingts à cent journées à l'hectare : un labour simple emploie moitié moins de temps, mais mélange moins bien la couche arable. Autre système sans défoncement, piochage à 0m30, hersage, labour et semailles en automne.

Défrichement à la charrue. Dans certaines landes légères sans grosses racines : à l'automne, écroûtement à 0m10, hersages pour réduire les gazons, jacherage pendant le premier été ; procédé sûr, mais long, peu suivi aujourd'hui. Autre procédé : labour au printemps, à 0m25 avec 4 ou 6 bœufs, hersage, scarifiage ou binotage, semis à l'automne sur 4 hectolitres de noir ; la deuxième année on obtient encore une céréale d'hiver sur labour avec hersage et même quantité de noir ; la troisième année, même culture, semis de vesces et colzas ; quatrième année, avoine. M. Moll conseille d'intercaler quelques cultures vertes d'enfouissage. Après ces premières récoltes, on fume, on chaule, et on fait une culture ordinaire sans employer le noir animal.

Les défricheurs plus prudents fument à la deuxième année après le défrichement.

Prairies sur défrichement. Après trois récoltes au moins prises sur le défrichement pour bien extirper la bruyère, on chaule, on fume fortement et on sème en graines de pré.

Bois sur défrichement. Quoique les bois (les résineux particulièrement) puissent se semer, même sans labours préalables, la méthode la plus sûre, telle qu'elle est pratiquée en Sologne, est de prendre une ou deux récoltes, si le sol les comporte, et de semer le bois dans la dernière céréale ; on associe généralement les bois feuillus aux bois résineux.

Écobuage. Depuis que l'usage du noir animal à petite dose s'est introduit dans les défrichements, l'écobuage a diminué; cependant, on y a encore souvent recours dans le défrichement.

L'écobuage consiste à enlever en plaques assez minces la surface du sol, avec le gazon et la bruyère basse qui le recouvrent. Ces plaques desséchées sont ensuite réunies et brûlées, puis la cendre est dispersée sur le champ pour être enterrée par un léger labour, sur lequel on sème.

L'écobuage a l'avantage de nettoyer parfaitement le sol des débris de tiges, racines, gazons, et de faciliter les labours; il détruit en même temps les graines des plantes nuisibles, les larves et les œufs des insectes; il fournit au sol une certaine quantité de principes alcalins. Il rend la couche cultivée plus poreuse et plus meuble; mais il a, d'un autre côté, l'inconvénient de détruire une grande quantité de matières organiques, dont la décomposition aurait fourni aux plantes de l'acide carbonique ou de l'azote, ou autrement de l'humus, inconvénient grave dans les terrains siliceux, pauvres déjà en matières organiques; aussi, conseille-t-on de réserver l'écobuage pour les landes grasses, à sols argileux ou argilo-siliceux, pour certaines pâtures riches et humides, pour les terrains tourbeux.

L'écobuage se fait presque partout à bras et à tâche, et il est exécuté par des ouvriers qui entreprennent habituellement cette espèce de travail. Le prix par hectare varie de 120 à 160 fr., cendres

tion plus économique, qui permet d'ailleurs de faire le corps plus solide et plus complet, les assemblages plus solides.

Attaches. Le versoir fixé à l'étançon de devant, ordinairement à *droite*, quelquefois à *gauche* dans certaines parties de la Belgique et du midi de la France, fait, avec le côté extérieur du sep ou la muraille, un angle plus ou moins ouvert; il en résulte un écartement de l'arrière, égal en général à la largeur de la raie et à la largeur du soc dans les bonnes charrues françaises; cette condition est essentielle pour la netteté du fond de la raie. Dans quelques charrues, le *brabant*, par exemple, on peut faire varier l'écartement du versoir fixé à charnières sur l'étançon, et modifier, suivant les cas, la résistance et les frottements qui augmentent avec l'écartement du versoir; cette disposition, utile quelquefois, est obtenue un peu aux dépens de la solidité.

La semelle qu'on ajoute quelquefois au versoir, soit pour nettoyer la raie, soit pour la préserver de l'usure quand on met la charrue sur le côté, a l'inconvénient d'augmenter le frottement. Les versoirs sont en fonte, en fer ou en bois. La terre glisse mieux sur le fer; le bois est préféré pour quelques marnes argileuses qui adhèrent au métal. On fait des versoirs en bois s'adaptant à une gorge ou avant-soc en fonte.

Pelloir, rasette. C'est un petit soc avec versoir porté sur une tige qu'on fixe quelquefois à l'age comme le coutre, et en avant de cet organe. Sa fonction est d'enlever à la superficie du sol, quand celui-ci est enherbé, une mince croûte qui tombe au fond de la raie avec les mauvaises herbes (fig. 83).

B. — Pièces d'assemblage.

L'*age* et le *sep* sont les pièces capitales d'assemblage; les étançons antérieur et postérieur en sont les accessoires; cependant, on les retrouve plus ou moins représentés, même dans l'araire antique, soit par la courbure de l'age lui-même et la cheville (tescou), soit par les tendilles (fig. 74).

Age. Dans les araires, il est *raide* ou *brisé*. La première disposition est plus simple; la seconde permet de régler plus convenablement le travail de la charrue. Un peu oblique au sep dans les charrues à avant-train, l'age lui est à peu près parallèle dans les araires modernes. Pour que la ligne de tirage passe par l'extrémité de l'age, et se rapproche en même temps le plus possible de la direction horizontale de la résistance, on abaisse cette extrémité de l'age ou on courbe l'age lui-même, disposition qui permet d'ailleurs de laisser plus de hauteur à la gorge du versoir et d'éviter ainsi l'engorgement dans les labours profonds. On arrive encore à ce résultat en donnant de la *longueur* à l'age; cette longueur est favorable d'ailleurs à l'action de la force, dont l'age est l'un des bras de levier.

Les ages en fer ont l'avantage de consolider l'assemblage; on les dit ages en *trousse,* quand ils sont, comme dans quelques charrues anglaises (Ransomes), formés de deux bandes de fer mi-plat.

Sep. C'est la base sur laquelle porte la charrue, l'intermédiaire de transmission du mouvement au soc. On peut y distinguer la *muraille,* partie latérale touchant au guéret. Pour faire un travail plus propre, on donne quelquefois 8 à 10 centimètres d'élévation à cette muraille. La *semelle* et le *talon* frottent sur le fond du sillon. La longueur du sep donne plus d'aplomb, mais en même temps plus de frottement; il est convenable de le réduire à la largeur strictement nécessaire. On a quelquefois appliqué une roue au talon du sep; les avantages de cette complication n'en compensent pas les inconvénients. Il est mieux d'armer le talon d'une semelle de rechange.

Les étançons complètent l'assemblage. Dans beaucoup d'araires en fonte, l'étançon antérieur fait corps avec le versoir; l'étançon postérieur est remplacé par la courbure de l'age.

En général, l'assemblage doit être simple et solide, les pièces faciles à changer et à serrer ensemble, leur poids et leur volume réduits aux proportions nécessaires.

C. — Pièces régulatrices et directives.

L'age et le manche, les régulateurs auxquels nous réunissons les avant-trains, appartiennent à cette catégorie.

Le manche ou *mancheron,* tantôt unique comme dans les brabants, les araires du Midi, est ordinairement double dans le reste de la France. Le manche unique coïncide souvent avec le versoir placé à gauche ou le double versoir; le conducteur, marchant sur le guéret, saisit le manche de la main gauche, les guides et le fouet sont réservés pour la main droite; le conducteur de la charrue à deux manches se place d'ordinaire dans la raie. Le manche, très-court dans le brabant, est très-long dans les charrues anglaises, et forme un levier dont l'action est plus puissante. Les pièces régulatrices varient suivant les types; on citera : dans l'araire raide, les tendilles, les pièces de suspension de la candelle sur le joug; dans l'araire moderne, les régulateurs à crémaillère, à roues, à sabot; dans les charrues à avant-train, les sellettes, les chignons, la chaîne, les vis, etc. On en comprendra mieux l'usage lorsque nous parlerons du travail et du réglement même de la charrue, et que nous aurons décrit sommairement les principaux types.

§ V. — *Types divers de charrues.*

A. — Araires.

Araires anciennes. L'*aratrum* romain paraît avoir été le type des araires encore en usage aujourd'hui dans le midi de la France et quelques points du centre. Les araires présentent trois variétés : l'araire sans versoir, l'araire à deux versoirs, enfin l'araire à un versoir. Les deux premières ne diffèrent que par l'annexe de deux planchettes ou oreilles, et portent également le nom de *dental* ou

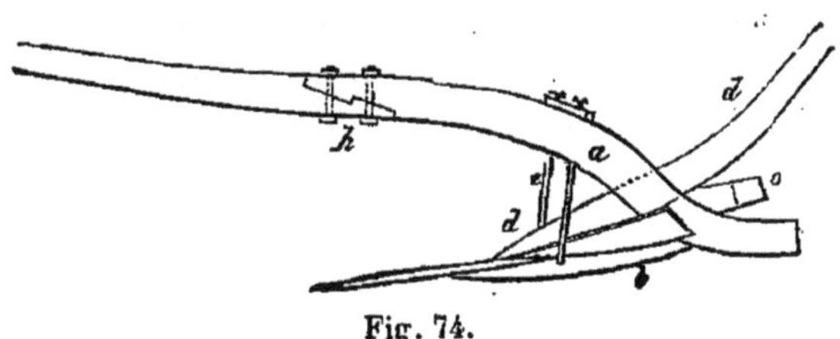

Fig. 74.

d'*areau*. La troisième variété se distingue par un sep bifurqué et un versoir unique plus développé, un soc plus large et un coutre. On lui donne le nom de *mousse*. Les figures suivantes feront ressortir ces différences. *Areau dental* (fig. 74). L'age *a*, nommé *courbe*, *basse* ou *comba*, est une pièce de bois courbe en orme, de 1 mètre à 1m10 de long; la partie inférieure forme le talon, qui porte environ 0m10 d'équarrissage; une mortaise pratiquée en ce point est destinée à recevoir : 1° l'extrémité du sep ou *dental b*, taillée à cet effet en tenon (on se dispense quelquefois de cet assemblage); 2° le bout de la tige du soc; 3° la partie inférieure du mancheron ou *estève d*; 4° enfin, entre cette partie et le soc, un coin *o* (*tescou*) destiné à serrer tout l'assemblage. Deux brochettes ou *tendilles e*, réduites plus fréquemment à une seule tige bifurquée, relient l'age au sep. Un pas de vis et un écrou placés à sa partie supérieure permettent d'ouvrir ou de fermer plus ou moins l'angle formé par l'age et le sep. L'areau sans oreilles s'emploie pour ouvrir le sol, comme fouilleur, comme rayonneur, etc. L'areau du Poitou (fig. 75), indiqué par M. Moll comme d'un emploi avantageux dans le défrichement des Landes, diffère par l'agencement de la forme du soc.

Le dental est plus ordinairement employé avec deux petits ver-

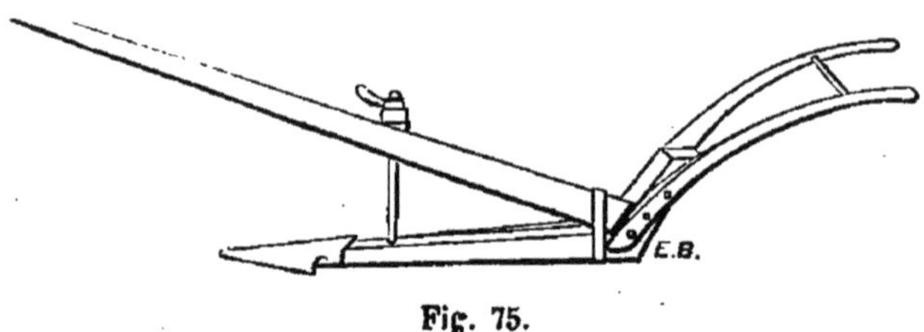

Fig. 75.

soirs, oreilles qui s'adaptent de chaque côté à l'aide de deux chevilles; une perche, *candelle i* (fig. 74), de 2 mètres environ, s'attache à la basse au moyen de liens ou de chevilles *h;* l'extrémité vient se fixer au joug de l'attelage et caractérise l'araire à *age raide.* L'araire est dite à *age brisé* ou à traits, quand la basse se réunit à la perche par une brisure ou que celle-ci est remplacée par une chaîne.

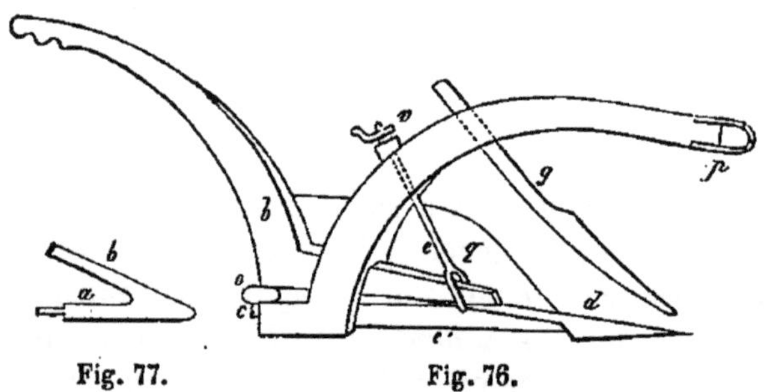

Fig. 77. Fig. 76.

Dans la *mousse* (fig. 76), le sep est bifurqué, et l'une de ses branches *a* (fig. 77) s'engage dans la mortaise de la basse, tandis que l'autre, *b*, supporte le versoir; *c*, extrémité de la tige du soc *d; e*, tendilles; *g*, coutre; *o*, tescou; *p*, anneau d'attelage; *q*, versoirs; *v*, écrou à manette pour serrer les tendilles.

Araires modernes. Nous placerons au premier rang l'araire de Dombasle. Quoiqu'il ait été précédé par les araires écossaises et flamandes, il a le premier, dans la France du nord, fixé l'attention sur ce système de charrue, qui a été le point de départ des autres araires qui s'en rapprochent plus ou moins, telles que les araires de Grignon, Bodin, Rozé, etc. Cette araire est vue en élévation (fig. 78), en plan (fig. 79), à l'échelle de 0m45 pour mètre : *a*, age cintré ; *b*, étançon supérieur ; *c*, étançon antérieur, venu de fonte avec l'avant du versoir ; *d*, sep en fonte ; *e*, soc américain boulonné sur l'avant. Ce corps de charrue est imité de l'araire américaine de Rozé : *f*, coutre droit ; *g*, boîte du coutre avec vis de pression : *k*, chaîne de tirage, fixée d'un bout à un crochet se prolon-

Fig. 78.

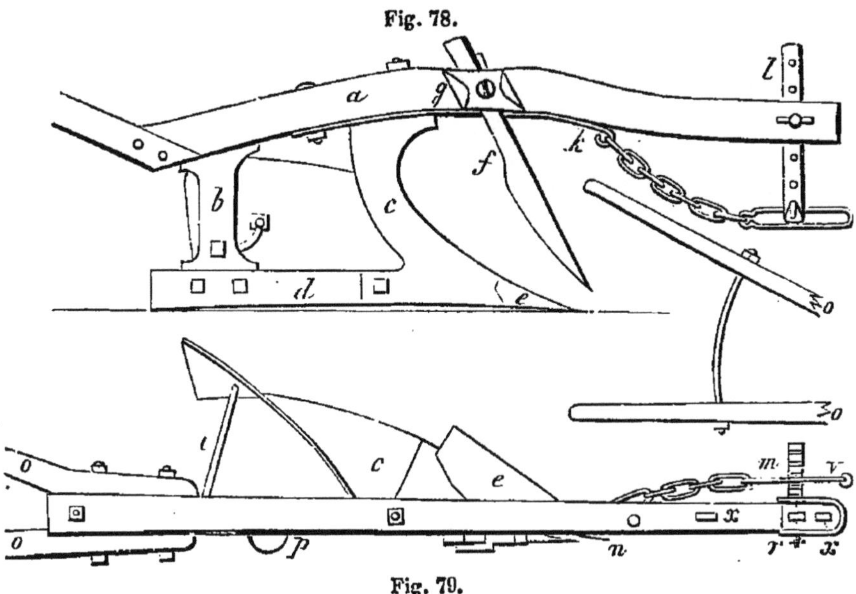

Fig. 79.

geant en une platine qui consolide l'age, de l'autre à un long anneau plat embrassant la crémaillère du régulateur *l*; *i*, versoir (à gauche dans la figure, mais plus souvent à droite ; il est en fonte, fer ou bois, et s'attache par deux pattes et deux boulons sur l'avant-versoir); *m*, crémaillère du régulateur, *n*, pointes du soc et du coutre en dehors du plan du sep, *p*, anneau destiné à recevoir le montant du traîneau sur lequel l'araire est conduite aux champs ; *r*, plaque à rebords garnissant la tête de l'age traversée par la tige *l* du régulateur ; *v*, longue maille passant sur la crémaillère et portant le crochet d'attelage ; *x x*, anneaux recevant le goujon destiné à fixer un avant-train à l'araire.

La fabrique possède 16 modèles différents, dont les dimensions et quelques détails varient. Prix, de 53 à 85 fr.; poids, 66 à 100 kil., instruments solides et bien construits.

Les araires Bodin ont beaucoup d'analogie avec ceux-ci et ne leur cèdent en rien pour la construction. Modèles variant de prix de 35 à 67 fr. Grande charrue à défoncer, 120 fr. La fabrique a des modèles de versoir, forme Howart et Ransomes, et construit l'araire en fer.

Les araires de Grignon diffèrent davantage du type Dombasle, pour le régulateur surtout. Prix, de 25 à 90 fr.; poids, de 25 à 100 kil. L'araire en fer de M. Hamoir, de Saultain, près Valenciennes, est un excellent instrument; prix, 65 à 75 fr.

Un grand nombre de constructeurs exécutent le modèle Dombasle : Laurent et Peltier, Ganneron, à Paris; Rivaut, à Angoulême; Trischler, à Limoges; Allier, à Bordeaux; Vidal, à Marseille; de Lentilhac (Dordogne), etc.

Les araires modernes du midi de la France sont aujourd'hui très-

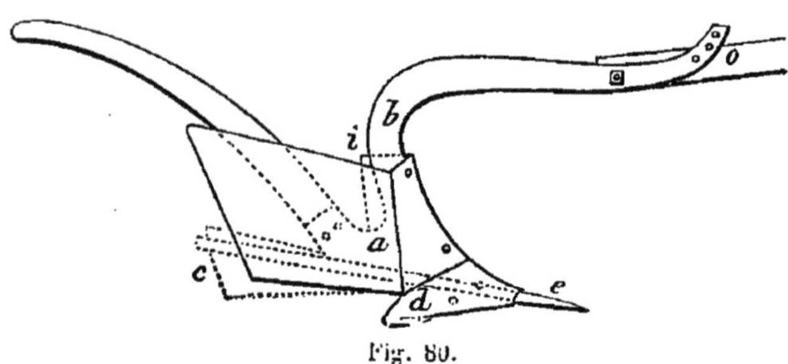

Fig. 80.

multipliées; la Haute-Garonne, le Gers, ont fourni les premiers modèles du genre; l'emploi de l'araire en fer a surtout pris un développement rapide; la charrue Rouquet, de Toulouse, et Lassère, du Gers, ont ouvert la voie. L'araire Lassère (fig. 80) consiste en une pièce *a* en fer forgé, donnant attache à sa base au mancheron unique, se relevant ensuite en une courbe *b* constituant l'age; à cette même pièce *a* s'attache par trois boulons le corps de charrue formé du versoir et de la muraille faisant sep *c* à sa partie inférieure; un talon ajusté à ce sep supporte seul l'usure; à l'intérieur du sep est une rainure, marquée sur la figure par une ligne ponctuée, dans laquelle glisse une tige de fer formant la pointe du soc *e*, et qu'on peut faire avancer à volonté quand elle s'use. L'aile du soc *d*, forme américaine, est retenue par deux boulons, dont l'un sert en même temps à fixer la pointe. Cette araire, du poids de 25 à 30 kil., coûte 35 fr. environ; c'est le prix de la plupart des araires de ce genre. Parmi les douze ou quinze araires vigneronnes figurant au dernier concours, on peut encore citer celle de M. le comte de la Loyère-Savigny, araire à age raide; celle de M. Hallié, de Bordeaux; celles de Lacave, à Montlezun (Gers), de 35 à 40 fr.; de Cazeaux, à Mugron (Landes), 45 fr.; de Aycard, à Marseille, 25 fr. L'araire ancienne vaut de 18 à 20 fr.; quelquefois, le cultivateur la fait en partie lui-même, ce qui en maintient l'emploi dans la culture souvent besoigneuse du Midi.

L'araire vigneronne de M. Renaud Gouin, de Sainte-Maure (Indre-et-Loire), primée au concours général de 1860, est tout en fer. Nous

Fig. 81.

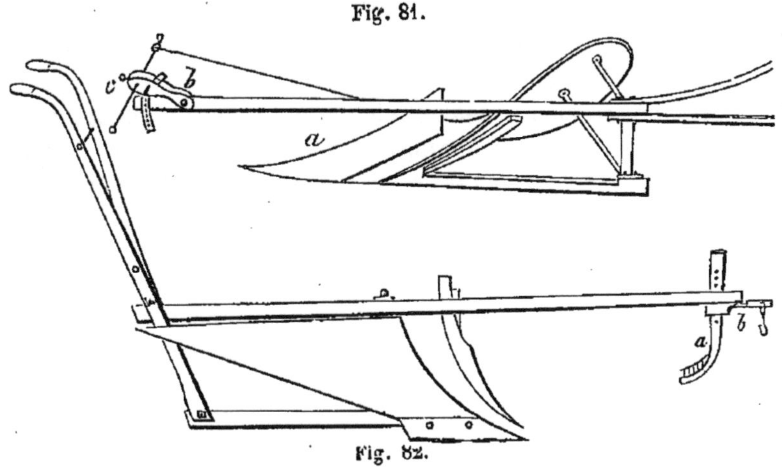

Fig. 82.

la donnons en plan (fig. 81), pour faire mieux ressortir les dispositions particulières des charrues vigneronnes. Le corps de charrue est rejeté beaucoup en dehors du plan perpendiculaire de l'age, afin que cette pièce, ainsi que le régulateur, ne froisse pas la vigne. Par la même raison, le soc *a* revient en dedans pour ménager les racines, ce qui, toutefois, rend la direction de l'araire plus difficile. Le régulateur a quelque anologie avec celui de Howard; une tige *c*, qui porte à sa partie inférieure le crochet d'attelage, joue verticalement dans une chape *b* mobile, latéralement sur un croissant percé de trous, de manière qu'on peut rapidement régler la charrue; prix de l'instrument, 65 fr. L'araire Duseutre, primée au concours de 1850, a beaucoup d'analogie avec celle-ci; son régulateur ingénieux rappelle celui de MM. Bouscasse et Bella.

Brabant. Cette espèce d'araire, en usage depuis des siècles en Flandre et en Belgique, avait, dit-on, donné l'idée des premières araires écossaises; Schwetz l'a introduite à Hohenheim, il y a quarante ans; on la retrouve dans les marais des Charentes. Depuis quelques années, on en construit en fer dans le département du Nord, au prix de 40 à 50 fr. La charrue à labours profonds de M. de Mesmay, primée au concours général de 1860, peut être considérée comme un brabant perfectionné. Elle est également munie d'un sabot régulateur simple et solide; sur la tige du sabot *a* (fig. 82), le régulateur vertical est fixé de manière à pouvoir monter et descendre la crémaillère *b*, servant au réglement latéral.

Le traîneau le plus ordinaire de l'araire consiste en deux limons assemblés par trois traverses traînant sur le sol; l'araire posée sur ce traîneau est maintenue par un montant qui s'engage dans l'anneau *p* (fig. 79). Sur les grandes routes où le traîneau est quelquefois prohibé, on ajoute deux roulettes au traîneau. On se sert encore pour ces charrues à roues d'un petit train en fer composé d'un essieu avec deux petites roues; sur le milieu de cet essieu est fixée, à angles droits, une barre d'attache.

Les araires à roues, dans lesquelles le tirage s'applique à l'extrémité de l'age, composent une catégorie intermédiaire entre les araires et les charrues à avant-train. On peut y faire rentrer l'ancienne charrue Rozé, la charrue Parquin, la charrue de Mettray, celle de Coutelet, remarquées dans nos derniers concours.

Araires et charrues étrangères. La Belgique possède quelques bonnes charrues se rapprochant du brabant; telles sont celles d'Odeurs, de Romedenne, etc. L'Allemagne a également quelques modèles convenables, mais le type général est encore peu perfectionné; le aken de la Prusse rhénane est remarquable par sa simplicité et son bas prix. C'est une simple pelle de fer, sur le manche recourbé de laquelle vient se fixer un age raide sous un angle plus ou moins ouvert. L'homme conduit d'une seule main cette araire, qui fait un ouvrage passable dans les sables légers.

Araires et charrues anglaises. L'introduction des araires en Écosse paraît remonter à la charrue de Rotheram, imitation du brabant importé par les Hollandais. L'idée de la charrue oscillante (*swing plough*) de Small aurait suivi ces premiers essais. Les charrues de Clarke, de Barowmann, du marquis de Tweeddale, ont une certaine réputation. La charrue Small, nouveau modèle (fig. 83), a ses étançons (indiqués par des lignes ponctuées) assemblés à la base; le versoir est un peu trop droit; le sep et la muraille sont boulonnés au corps; le régulateur, porté comme un fléau de balance sur un boulon, se règle dans sa hauteur par une crémaillère à croissant; une platine en T à sa partie antérieure et percée de trous espacés reçoit le crochet d'attelage. L'araire de Wilkie, différant par la convexité du versoir, s'est répandue dans le Lancarshire,

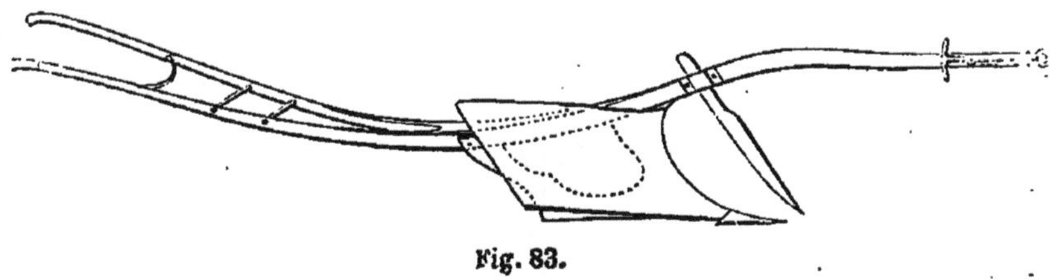

Fig. 83.

tandis que l'East Lothian adoptait l'araire de Small. Des modifications de détail ont été apportées, depuis surtout que le fer a été substitué au bois; le caractère principal a été conservé : manches relativement très-longs, versoir court, offensif, soc étroit et long; poids, 90 à 100 kil. Les constructeurs anglais ont pris quelques parties de l'araire écossaise, ont modifié le versoir et le soc et ont

Fig. 84.

ajouté des roues, tout en conservant l'application du tirage directement à l'age, ce qui rapproche beaucoup ces instruments de l'araire. Ransomes, Ball, Busby, Howard, Hornsby, dans ces derniers temps, ont produit dans les concours les instruments les plus remarqués. La figure 84 donne l'un des modèles de la charrue de Howard : avant-train séparé (fig. 85); *g*, montant des roues réunies à l'age par une chape mobile et une vis de pression; *h*, décrottoir. Les autres modèles, assez nombreux, ne diffèrent de celui-ci que par les dimensions ou par quelques détails de construction; des ages en fer *nervé* ou en *trousse* ajoutent à la solidité. Le poids de ces charrues varie de 110 à 120 kil.; leur prix, de 90 à 120 fr., auquel s'ajoutent en supplément : la rasette *skim culter* (9 fr.), une chaîne s'attachant au coutre et traînant sur le bord du sillon pour faire disparaître l'herbe (2 fr. 50), gorge du versoir en acier (8 à 9 fr.). Les charrues Ransomes, Hornsby, Ball et Small sont à peu près du même prix et des mêmes dimensions, savoir : longueur totale, 3 mètres à 3m20; mancherons, 1m25 à 1m70; araires de Grignon, 2m30; Dombasle, 2m80; mancherons, 1 mètre; longueur du versoir depuis la pointe du soc, charrues anglaises, 1m20 à 1m40; écartement, 0m33 à 0m40; charrues françaises, 0m75 à 0m80; écartement, 0m33 à 0m40.

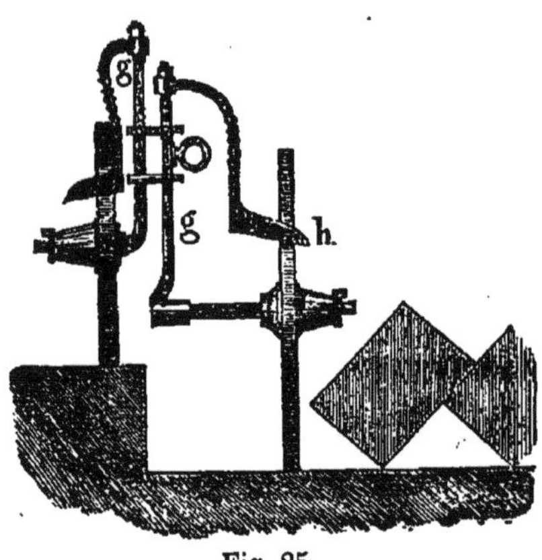

Fig. 85.

Les charrues américaines, dont l'amélioration remonte au président Jefferson, sont depuis longtemps perfectionnées; l'ensemble en est en général plus ramassé; l'age, les manches, le corps sont relativement plus courts que dans les charrues anglaises; la charrue dite Eagle est une des plus remarquables.

B. — Charrue à avant-train.

La charrue à avant-train proprement dite reçoit l'application du tirage par l'intermédiaire d'un petit chariot qui offre en même temps un point d'appui à l'age auquel il est réuni par une chaîne, une bride, un collet, etc. Ce système est plus spécial aux contrées où le labour se fait avec des chevaux, dont l'attelage se prête difficilement à l'emploi d'un joug auquel l'age raide puisse être adapté. La figure 86 représente un des avant-trains les plus simples répandu dans l'est et le nord-est de la France; les roues sont enlevées pour

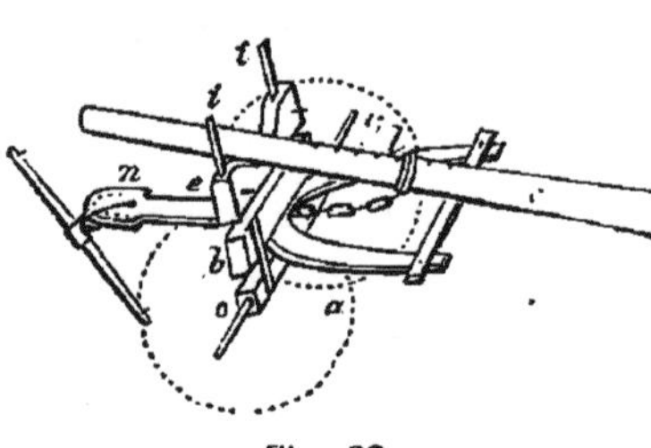
Fig. 86.

simplifier le dessin : *a*, fourceau terminé en avant par le têtard *n*, sur lequel joue un régulateur latéral avec sa barre d'attelage en arrière par une traverse, point d'appui de l'age; *c*, age; *b*, sellette; *e*, hausse de la sellette, reliée à celle-ci par les deux épées *ii*, percées de trous pour fixer la hausse au point voulu à l'aide de chevilles; les mortaises allongées permettent un mouvement latéral à la hausse qu'on arrête par un coin ; *l*, grand anneau dans lequel passe l'age, qui se rattache par une chaîne à l'avant-train; une clé pénétrant dans les trous espacés dont l'age est percé fixe celui-ci, et des rondelles ou ardiaux se placent entre l'anneau et la clé, quand l'intervalle des trous est trop grand ; la tête de la clé, variant d'épaisseur dans différents sens, remplit le même service; *o*, essolet avec fusée plus longue d'un côté pour les dérayures.

Figure 87, avant-train de la charrue Pluchet, disposé pour que le charretier puisse enterrer ou déterrer sans quitter les mancherons ; l'age *n* repose sur une sellette mobile *a*, qui se remonte ou s'abaisse sur le plan incliné des deux épées *b b* et de la sellette fixe *r*, à l'aide de la vis *d*, dont l'extrémité est sous la main du laboureur. Le réglement latéral se fait au moyen d'une bride *c*, embrassant l'age et munie de deux tourillons qui traversent les épées de chaque côté, et les débordent de manière à ce que la bride puisse être poussée à droite ou à gauche; des clavettes, entrant dans des trous espacés sur les tourillons, la maintiennent; un coin *o* sert à donner plus ou moins de plat à la charrue. Les avant-trains ont été l'objet d'essais d'amélioration nombreux, qui ont pénétré dans les fermes ; nous nommerons parmi les plus récentes les charrues Geffray, Coutelet, Leloup, recommandables à plusieurs titres. Mais l'avant-train paraît aujourd'hui devoir se réduire à un simple support, comme dans les charrues araires anglaises et françaises, sans recevoir directement l'application du tirage.

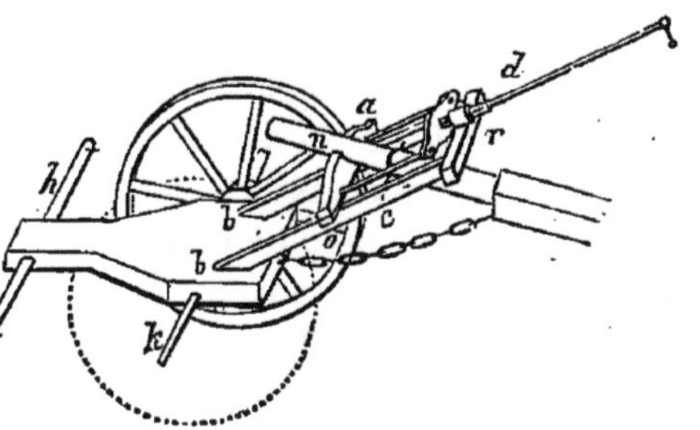

Fig. 87.

Les perfectionnements apportés aux roues consistent dans l'emploi du fer, d'un moyeu de fonte, à patente ou demi-patente, de MM. Parquin, Grebel de Denain, d'Egremont de Saint-Quentin, Hamoir.

L'avant-train complique la charrue, en élève le prix; il peut augmenter l'effort de traction exigé, si les roues en posant sur le sol empêchent la ligne de tirage de passer par le point d'application de la force, et que le laboureur doive peser sur les mancherons, pour vaincre cette résistance, condition qui se présente exceptionnellement toutefois. Enfin l'assemblage moins fixe de l'ensemble entraîne quelque déperdition de force; d'un autre côté l'araire est d'une construction plus délicate, sa conduite demande plus d'habileté et d'attention, la charrue à roues a plus de fixité dans les sols durs, pierreux, et convient mieux aux labours superficiels.

Les charrues à avant-train sont très-nombreuses dans le Nord et le Centre, et diffèrent par quelques détails. Nous citerons les suivantes : *charrue normande*, ordinairement à chaîne, arrière-versoir rabattu; la *charrue picarde* à tourne-oreilles, de construction massive, age presque horizontal, fixé par un collet ou par une bride sur l'extrémité postérieure de l'avant-train, ce qui lui donne une très-grande fixité; la *charrue des environs de Paris*, à chignon, age court et très-redressé, versoir convexe. La *charrue Pluchet* est un modèle perfectionné de ce type. La *charrue de Brie* est à chaîne, massive, à versoir convexe, exigeant de bons laboureurs pour son réglement et sa conduite, fonctionnant bien à cette condition. La *charrue beauceronne*, analogue à la normande, plus légère, en diffère par son versoir, quelquefois polyédrique. Dans le Centre, le Berri, la Touraine, le Maine, etc., la charrue s'est transformée; l'araire existe encore sur quelques points. La *charrue bretonne* est légère, à age peu relevé, arrière-train amélioré par des constructeurs, en tête desquels est M. Bodin. Dans la Bourgogne, sellette moins élevée que celle de la charrue de Brie, versoir plus allongé; une crémaillère fixée sur l'age et dont les crans retiennent l'anneau de la chaîne qui lie l'avant à l'arrière-train, est fréquemment substituée à la série de trous qui affaiblissent le bois. La *charrue champenoise* est légère, à versoir court et droit, soc large. Roville a réagi favorablement sur les *charrues de l'Est*, et le corps de la charrue Dombasle se trouve presque partout, mais sur un avant-train plus simple et moins cher que celui fabriqué à Nancy. La *charrue alsacienne*, à age presque droit, avant-train bas, est très-légère; la suppression de son double sep, un soc moins arrondi, un versoir moins convexe, seraient des améliorations à introduire.

C. — Charrues tourne-oreilles.

Tourne-oreilles anciennes. La charrue à versoir fixe et unique ne peut verser que du même côté à l'aller et au retour, et exige un système particulier d'ensillonnement, des enrayures et des dérayures bien parallèles ; en montagne, elle redescend une partie de la terre labourée. La charrue tourne-oreilles a été introduite pour éviter ces inconvénients. Le système primitif consistait en un soc en fer de lance, une planchette à section légèrement courbe s'accrochant alternativement de chaque côté comme versoir, un coutre oscillant déplacé à chaque tour par une barre qui en poussait le sommet. Ce système laissait beaucoup à désirer pour la forme du soc et du versoir, la solidité du coutre, la facilité de la manœuvre. Une bonne charrue tourne-oreilles doit remplir les quatre conditions suivantes : 1° un soc triangulaire rectangle; 2° un versoir bien contourné; 3° un coutre bien attaché; 4° une manœuvre prompte et facile. Trois systèmes principaux ont été essayés pour arriver à ce but : celui des versoirs rentrants, des versoirs dos à dos, enfin celui des versoirs superposés.

Tourne-oreilles à versoirs latéraux rentrants. Le *ruchaldo* slave est le plus ancien des instruments de ce genre. Qu'on se figure une plaque de grosse tôle dressée devant l'étançon antérieur autour duquel elle pivote par deux charnières attachées au milieu de la plaque elle-même, de manière à obliquer à gauche ou à droite, manœuvre qu'opère le laboureur avec une barre, en tirant ou poussant l'extrémité de la plaque. Qu'on se figure encore le bord inférieur de cette plaque replié de manière à former un soc à chaque angle, on aura l'idée de cet instrument, simple, peu coûteux, mais qui ne résout pas le problème et ne convient d'ailleurs qu'à des terrains légers. La charrue Wasse, qui a joui d'une certaine réputation dans la Somme, porte deux versoirs de tôle *a a'* (fig. 88), attachés de chaque côté de l'étançon antérieur de manière qu'on peut faire saillir l'un en dehors, tandis que l'autre vient se coller du côté opposé et faire fonction de muraille glissant sur la tranche coupée. Cette manœuvre s'opère très-simplement : un axe un peu oblique *b* pénétrant dans la douille du soc *c* porte vers son milieu

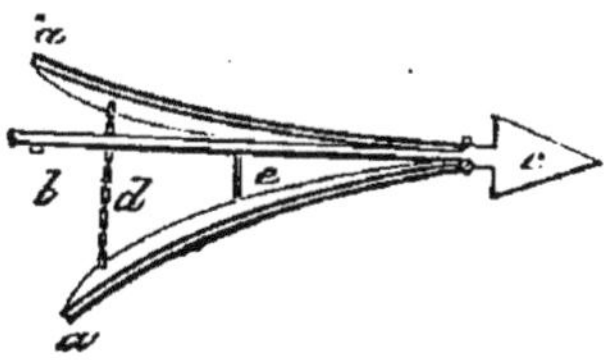

Fig. 88.

un doigt *e* avec galet à son extrémité; dans le mouvement de rotation qu'on imprime à cet axe au moyen d'un levier à poignée placé à la portée du laboureur, le doigt *e* repousse l'un des versoirs, *a* par exemple, et celui-ci ramène le versoir *a'* le long de l'étançon par l'intermédiaire d'une chaîne *d* qui réunit ces deux versoirs. Le coutre se change à l'aide d'un petit levier, comme dans l'ancienne tourne-oreilles, ou est repoussé par le même mouvement à droite ou à gauche, comme dans les charrues de Henry frères, Cullembourg, etc. Ce système ne résout qu'une partie du problème posé plus haut. En Angleterre, la charrue de Commins est construite sur un principe analogue.

Charrues dos à dos, ou à deux corps opposés par leur par-

Fig. 89.

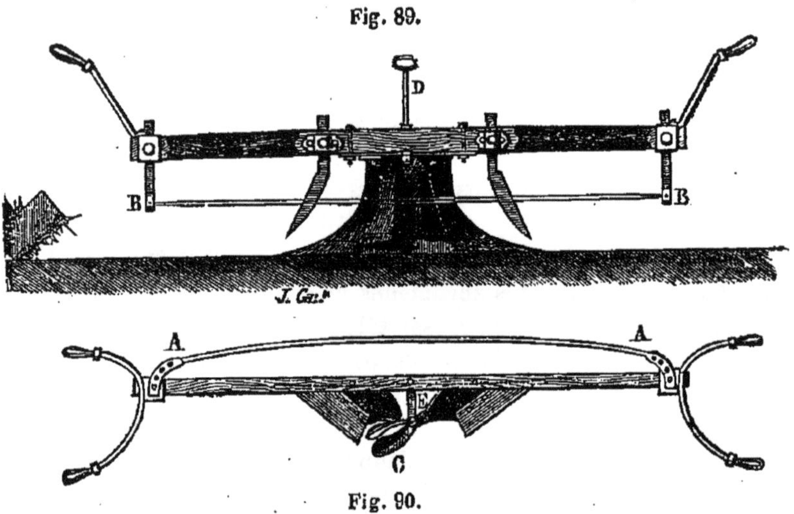

Fig. 90.

tie postérieure. Ces charrues, dont différents modèles ont été présentés depuis longtemps en Angleterre par Lewcocke, en France par MM. Bella, Valcourt, Roquebrune, Dayer, Charpentier, Midi, etc., ne se sont pas beaucoup propagées, parce qu'elles sont d'un prix élevé, d'un réglement et d'une direction difficiles, sujettes à usure par le frottement sur des surfaces assez étendues. Quelquefois, on détache l'attelage d'un bout pour le rattacher à l'autre extrémité (ancienne charrue Valcourt). Dans la charrue dos à dos de M. Bella (fig. 89 et 90) du même système, l'attache des traits glisse de B en B le long d'une tringle A, placée sur le côté, comme dans la charrue anglaise de Lewcocke. D'autres charrues dos à dos ont un age mobile pivotant sur un age fixe : charrue Midi, de Lille; charrue Bonnet, de Germancy (Nièvre).

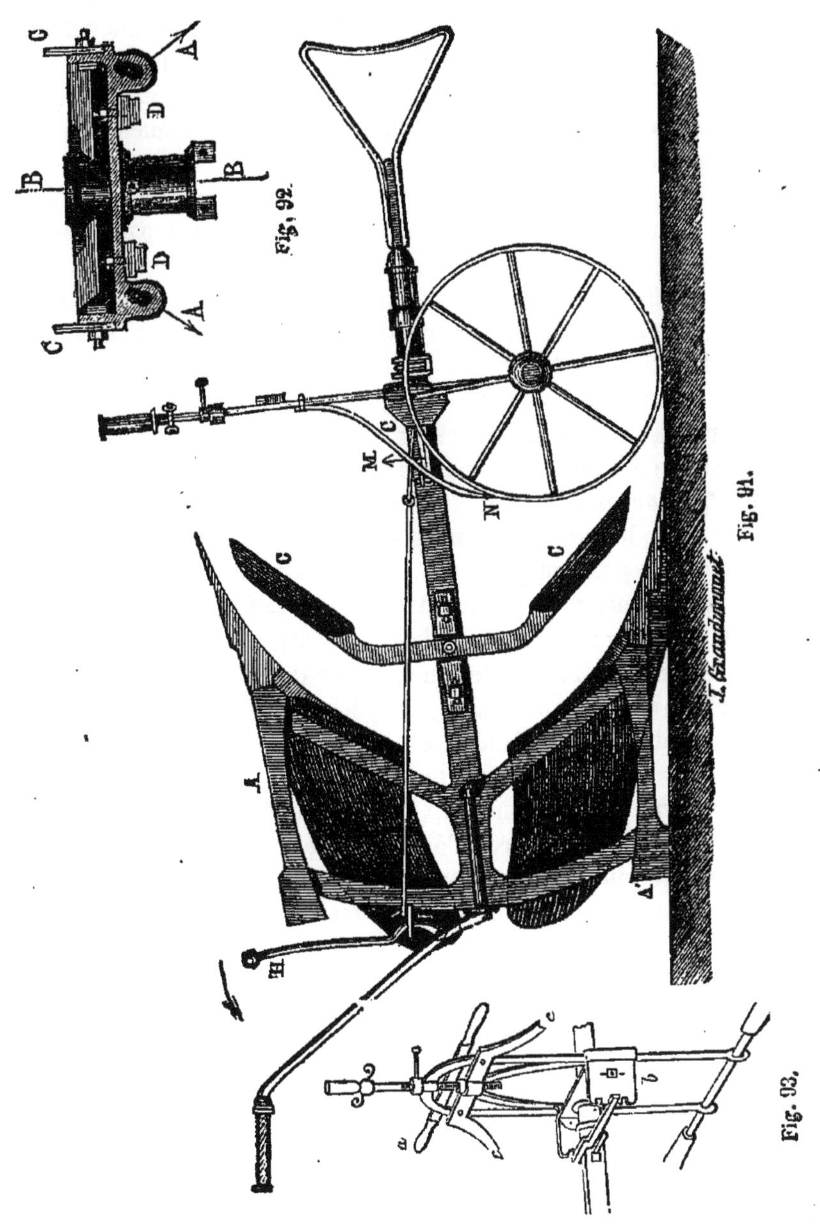

Fig. 92.

Fig. 91.

Fig. 93.

Les tourne-oreilles à corps superposés ont obtenu plus de succès; le *brabant double* de Paris, d'abord en bois, aujourd'hui en fer, est très-répandu dans le nord de la France; il varie un peu dans ses détails de construction. Les figures 91, 92 et 93 présentent un brabant de Paris fils, dont le père introduisit le premier dans l'Aisne, vers 1830, cet instrument alors en bois : AA, corps de charrue superposés, versant l'un à droite, l'autre à gauche, fixés par leurs étançons à un age qui peut tourner dans le mancheron DB (fig. 92), porté par la sellette et l'avant-train C; les mancherons (souvent il n'en existe qu'un) tiennent à l'age par une queue mobile dans deux anneaux sur le côté, et à l'étançon supérieur par le cran d'une lame de fer I, rivée au levier H, et à ce même levier correspond, par un fil de fer, un verrou à ressort qui pénètre dans la sellette et arrête le mouvement de rotation de l'age. Lorsque, arrivant au bout du sillon, le laboureur veut refaire une raie à côté de la première, il attire le levier H; l'étançon est alors dégagé des crans, et le verrou M sort en même temps. Il suffit du frottement de la charrue sur le sol en la ramenant dans la raie nouvelle, pour faire tourner l'age devenu libre et replacer en dessous le corps qui était en dessus; par la simple action du ressort, le cran I et le verrou M reprennent leur position première et fixent l'assemblage. Le régulateur double peut recevoir un mouvement latéral; ce régulateur tournant avec l'age, le crochet d'attelage suit, et rien n'est changé dans le réglement. La sellette, vue de face (fig. 93), se compose de deux guides AA rivés sur l'essieu, et le long desquels monte ou descend la sellette *b* sous l'action de la vis, qu'on manœuvre par la poignée *d*; *e*, porte-fouet et porte-guides.

Cette charrue a une grande fixité dans le sol, marche presque seule; le mancheron ne sert qu'à changer le corps de charrue; l'ouvrier marchant sur la voie se sert préalablement de la poignée de la traverse *a* pour maintenir accidentellement l'instrument; les plaques à crans *b* recevant le déclic, placées plus ou moins haut, agissent sur la prise de raie et l'aplomb de la charrue. MM. Dubois Sarazin de Chaulny, Fondeur de Jussey (Henry), Forêt-Colin, etc., font de très-bons brabants doubles du poids de 130 à 135 kil., et de 1 fr. 20 à 1 fr. 50 le kil.

La charrue *Vallerand* appartient à ce type à grandes dimensions. La petite araire américaine *tourne-sous-sep* (fig. 94) est également une bonne tourne-oreilles; elle est fabriquée par la maison Laurent à Paris, par les fabriques de Nancy. M. Lapointe, dans la Prusse rhénane, a un peu modifié le régulateur. A Hohenheim, on ajoute un sabot qui facilite la manœuvre; en effet, pour changer le corps de charrue, on décroche le versoir, on lève l'arrière en prenant l'extrémité antérieure de l'age pour point d'appui ; le corps de charrue, auquel le sep sert de pivot, passe en dessous et se replace de l'autre côté, le haut en bas. Le soc fait alternativement fonction de coutre. Prix peu élevé.

Fig. 94.

La charrue Humbert, des Vosges, celle de Mugnot, de Dijon, ont simplement, chaque côté, un corps de charrue qu'on abaisse alternativement. Le problème n'est qu'imparfaitement résolu.

D. — Charrues polysocs.

Ces charrues ont été introduites depuis longtemps déjà. Celle de Sommerville est fort ancienne ; elles peuvent rendre des services

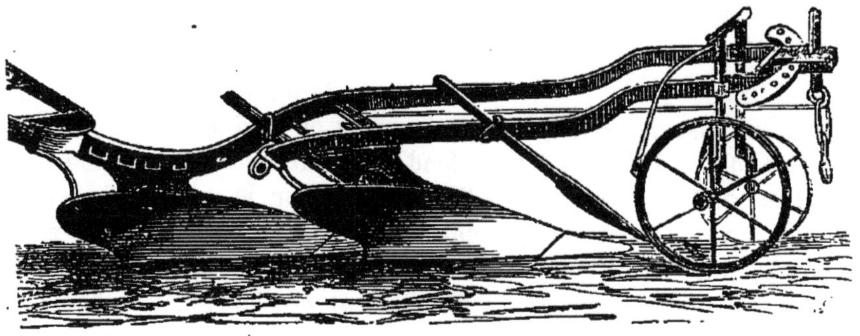

Fig. 95.

dans des terres légères et unies, dans des labours peu profonds ; la Champagne les emploie avec succès, et on construit près d'Arcis-sur-Aube de très-bons bisocs à un prix modéré. A la ferme de Grignon, on en tire depuis quelques années un assez bon parti. M. Bella fait construire un bisoc et un trisoc d'un bon agencement. Le bisoc de Howard (fig. 95) est bien combiné et solidement assemblé, condition essentielle. Le prix est de 200 fr.

Lorsque les polysocs ont plus de deux socs, leur emploi est plus difficile pour un labour ordinaire dans une terre non déjà ameublie; on doit les considérer plutôt comme des cultivateurs ou des binots couvreurs de semences à plusieurs corps. Tels sont les polysocs à quatre socs de Lemaire, celui même de M. Breduillieart; ce dernier instrument a huit socs, dont quatre travaillent alternativement comme dans la charrue tourne-oreilles, est ingénieusement combiné et fonctionne assez bien dans un sol plan, meuble, léger, sans heurts; les socs sont supportés par deux ages s'abaissant ou se relevant tour à tour sur un bâtis carré, porté par trois roues; son prix est de 300 fr.

§ V. — *Réglement de la charrue.*

Ce réglement a pour objet de fixer la *profondeur* et la *largeur* de la raie.

Réglement de la profondeur. Il repose sur ces faits, établis page 102 : 1° que le tirage de la charrue tend toujours à s'établir suivant une ligne droite *ae* (fig. 96) allant du soc à la traction, en passant par le point d'application *a* de cette traction; 2° que cette ligne de tirage fait avec la ligne de direction de la résistance *af* et la perpendiculaire *ef*, abaissée de la traction au fond de la raie, un triangle rectangle *aef* tel, que si on modifie soit le côté *ae*, soit le côté *ef*, la ligne *af*, ou le fond de la raie, remonte ou s'abaisse.

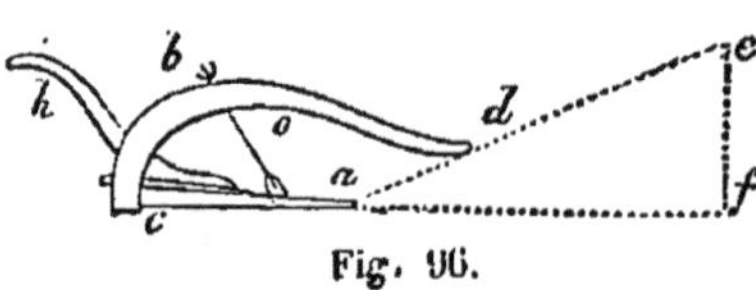

Fig. 96.

C'est particulièrement par l'allongement ou le raccourcissement de la ligne de tirage qu'agissent les procédés de réglement les plus usuels, soit directement en modifiant la longueur de la chaîne ou de la flèche d'attelage, soit indirectement en changeant la hauteur de la traction (ligne *ef*).

Dans l'*araire à timon raide*, on peut régler la profondeur en changeant l'ouverture de l'angle d'assemblage du dental et de la courbe, ce qui se fait en modifiant la longueur des tendilles *n* (fig. 96), et en enfonçant plus ou moins le coin (tescou); mais plus généralement on abaisse ou l'on relève le timon raide, soit en le faisant glisser dans l'anneau qui le suspend au joug, soit en abaissant ou relevant cet anneau lui-même.

Si l'on veut labourer plus profondément, on applique le tirage, par exemple, de *e* en *e'* (fig. 97), en faisant glisser l'anneau en *e'*, ou on le fixe à l'aide des chevilles. La ligne de tirage cesse d'être droite, l'assemblage étant rigide, le sep se soulève sur la pointe du soc qui, sous l'effort de la traction, s'enfonce jusqu'à ce que la ligne de tirage soit redressée, ce qui a lieu quand le soc est en *a'*; alors on a pour nouvelle ligne *a'o'e'*, et pour la profondeur de la raie *a'f'*, et enfin le nouveau triangle *a'e'f'*; X est le niveau du guéret. Si on avait baissé l'age en baissant l'anneau, les choses se seraient passées de même; la ligne de tirage se serait trouvée allongée, et le fond de la raie baissé.

Fig. 98. Fig. 97.

Dans la *charrue à avant-train*, l'age opère à peu près le même mouvement sur la sellette (fig. 85); s'il descend, la raie devient plus profonde; si on le relève, le soc se déterre. Dans la charrue Pluchet (fig. 86), c'est la sellette qui remonte en soulevant l'age. Le résultat est le même, parce qu'il s'opère un mouvement de bascule de l'avant-train sur l'essieu qui rétablit la ligne de tirage et l'aplomb du sep.

Le réglement de l'*araire moderne* s'opère également en modifiant la ligne de tirage; mais comme on agit par l'intermédiaire d'un régulateur, le mouvement imprimé à ce régulateur se trouve inverse de celui directement appliqué à l'age raide. En effet, en baissant le régulateur, on raccourcit la ligne de tirage; on l'allonge au contraire, en baissant directement l'age. De là résulte également un effort contraire de la part du laboureur qui doit, avec la charrue à avant-train ou age raide, appuyer sur les mancherons pour enterrer, et doit, au contraire, lever ceux de l'araire à chaîne.

Exemple : Veut-on diminuer la profondeur de raie? On abaisse le régulateur de *o* en *o'* (fig. 98); la ligne de tirage *aoe* devient *ao'e* et cesse d'être droite; elle tend à se redresser sous l'effort de la traction, mais la chaîne de tirage étant raccourcie, la ligne de tirage, en se redressant, élève le soc en *a'* et le fond de la raie en *a'f'*. Si on eût levé le régulateur, on eût évidemment produit un effet inverse.

Réglement de la largeur. Ce sont à peu près les mêmes principes, avec cette différence qu'on opère horizontalement et non verticalement. Pour l'araire à age raide et la charrue à avant-train, on porte l'age du côté où l'on veut prendre de la raie; on opère, dans ce cas, tantôt sur l'age même en le faisant dévier sur la sellette ou en poussant la sellette de ce côté (la charrue Pluchet (fig. 86) présente ces deux systèmes), tantôt sur le point d'attelage, mais d'une manière inverse, en reculant l'attache de la balance ou des traits du côté opposé au guéret; tel est l'office du régulateur *n* (fig. 85) portant la balance d'attelage, qu'on peut repousser à droite ou à gauche, et fixer par une chevillette implantée dans les trous du têtard.

Lorsque le palonnier est fixe, comme dans la figure 86, on peut encore raccourcir les traits du cheval de champ.

Le réglement latéral des araires s'opère à l'aide des régulateurs dont on a déjà indiqué l'usage. Ainsi, avec le régulateur Dombasle *lm* (fig. 79, 80), on recule la longue maille V pour prendre de la raie de 1 ou 2 crans du côté du versoir; on la ramène du côté opposé si l'on veut diminuer la largeur de la raie. Dans le régulateur américain (fig. 99), on détermine la largeur au moyen d'une chape à vis de pression *c*, qui varie latéralement dans une glissière *a*; la profondeur se règle en relevant ou abaissant la tige *d*, qui soutient à sa partie inférieure la tringle de tirage *b*; des crans à l'arrière de la tringle carrée aident à l'action de la vis de pression. Dans le régulateur Howard (fig. 84), la chape, au lieu d'être indépendante, est fixée sur un point et assujettie à se mouvoir sur une platine percée de trous, disposition assez solide, mais qui ne permet pas d'atteindre pour la largeur d'aussi petites différences, puisqu'on doit franchir l'espace d'un trou à l'autre; on amoindrit cet inconvénient en ajoutant une autre rangée de trous correspondant à l'intervalle de la première rangée, ou comme dans la figure 100, qui représente un régulateur de brabant du Nord, on attache la chaîne de tirage au point de jonction de deux crochets fixés dans deux trous du régulateur; ce point divise ainsi en deux l'intervalle de ces trous. Dans ce dernier régulateur, la profondeur se détermine par la vis *a*, qui pèse sur la platine *d*. Le régulateur américain (fig. 101), imité dans les charrues Bouscasse et dans celle de Grignon, est ingénieux. En desserrant l'écrou *b*, on peut lever ou glisser la glissière *c* ou la faire dévier de côté; on donne ainsi à la fois de la profon-

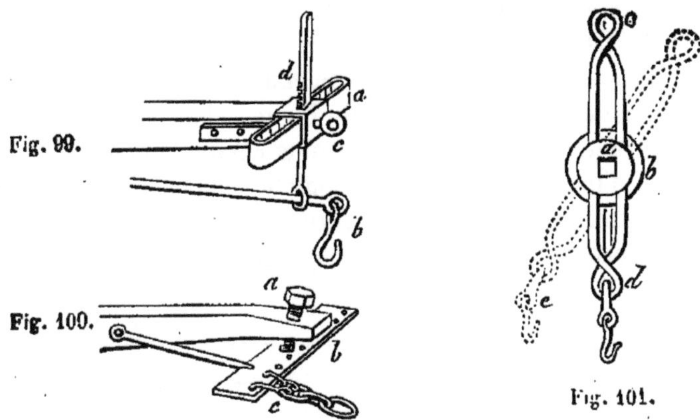

Fig. 99.

Fig. 100.

Fig. 101.

deur et de la largeur, mais cette dépendance des deux opérations a elle-même ses inconvénients ; la fixité et la solidité laissent encore à désirer dans ce régulateur.

On peut résumer ainsi les opérations du réglement :

CHARRUE A TRAIN, ARAIRE A AGE RAIDE.	ARAIRE A RÉGULATEUR.
Pour augmenter la profondeur de raie : abaisser ou allonger l'age ou les traits, appuyer sur les mancherons.	Élever le régulateur, allonger les traits, soulever les mancherons.
Pour augmenter la largeur de raie : porter l'age, la sellette ou le point d'attelage du côté opposé au versoir; incliner la charrue de ce côté.	Porter le point d'attelage ou le régulateur du côté du versoir.

Pour diminuer la largeur ou la profondeur, manœuvres inverses.

Réglement instantané. On a cherché par divers moyens à donner au laboureur la faculté de régler sa charrue pendant la marche et sans quitter les mancherons; parmi ces moyens, nous indiquerons d'abord la mobilité de l'age sur l'étançon antérieur, de manière qu'en appliquant une vis à poignée à son extrémité antérieure, on peut abaisser ou élever l'autre bout. MM. Llanta, Geffray, Bellemont, ont présenté des appareils de ce genre. Cette disposition nuit à la solidité de l'assemblage; pour plus de solidité, on a superposé à un premier age fixe un age mobile dont l'extrémité antérieure se meut comme dans le système précédent. Ce système, adopté par M. Rabourdin de Villacoublay et d'autres, est préférable; toutefois, ce réglement n'opère que sur la profondeur. Dans la charrue Pluchet (fig. 86), on arrive au même but à l'aide de la vis *b* qui soulève l'avant-sellette. On a encore mis à la portée du laboureur des manivelles ou des leviers pour lever et écarter le régulateur à l'aide de vis ou de pignons d'engrenage; on peut citer dans ce système la charrue Beaudoin, déjà ancienne, la charrue Coutelet, le régulateur instantané de M. Gilles de Flamanville (Manche), etc. La charrue de Mettray paraît résoudre plus complètement le problème, quoique d'une manière un peu compliquée : le régulateur se termine supérieurement par une courbure *a* (fig. 102), et porte à sa partie inférieure une chape allongée *b*, dans laquelle peut glis-

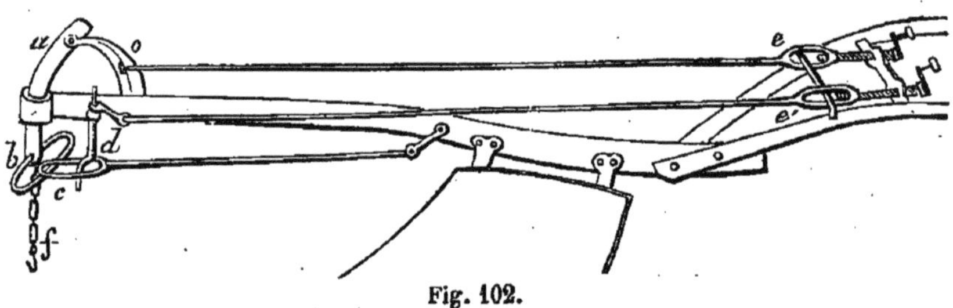

Fig. 102.

ser latéralement la tringle de tirage *c* terminée en un anneau oblong, auquel se fixe le crochet d'attelage *f*. Le réglement de la profondeur se fait à l'aide d'une tringle *e*, correspond d'un bout vers les mancherons à une vis de rappel avec manivelle, de l'autre à un petit levier *o* qui s'articule avec le régulateur *a*, et relève ou abaisse celui-ci selon qu'on manœuvre la vis à droite ou à gauche. Le réglement de la largeur se fait également sans quitter les mancherons, à l'aide d'une vis de rappel commandant, par l'intermédiaire d'une tringle *e*, un petit levier coudé *d* qui s'engage dans l'anneau allongé *c* de la barre d'attelage, et la fait glisser latéralement sur le régulateur *b* suivant le besoin du réglement.

Tout en applaudissant à ces efforts ingénieux pour régler instantanément la charrue, faisons remarquer cependant qu'on n'obtient ce résultat que par un mécanisme plus ou moins compliqué, qui affecte la simplicité et le prix de l'instrument; que d'ailleurs on ne doit pas s'exagérer le temps perdu par le laboureur qui se déplace pour régler accidentellement sa charrue.

§ VI. — *Attelage de la charrue.*

Attelage au joug. L'attelage au joug double des bœufs et celui au *joug de cou* ou à la *colalive,* appliqués dans le sud de la France aux mulets et même aux chevaux parfois, ont quelque analogie. Si l'instrument est un araire à age raide, l'extrémité de cet age se prolonge jusqu'au joug et s'engage dans des anneaux ou *omblettes* en hart de chêne tordu, suspendu à ce joug par un crochet; une cheville le maintient fixe. Lorsqu'un ou deux couples doivent être ajoutés, on emploie une barre de bois, portant d'un bout un anneau qu'on fixe à l'age, l'autre bout est bifurqué; l'une des bifurcations passe dans les omblettes du joug du deuxième couple, et l'autre se relie à une autre barre destinée au troisième couple. A

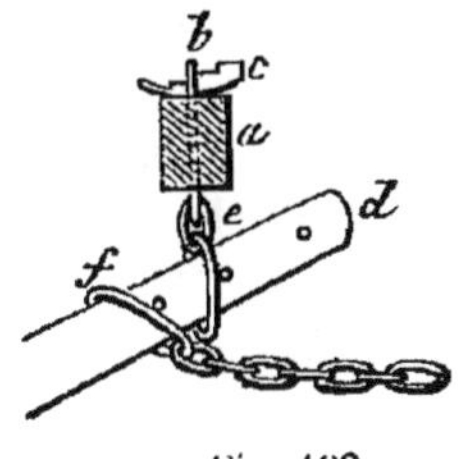

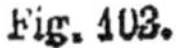
Fig. 103.

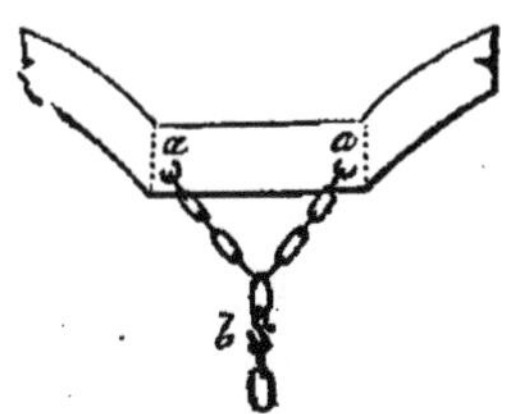

Fig. 104.

ces engins de bois peu résistants, on substitue généralement des chaînes. Dans le Sud de la France, on rencontre souvent l'attelage suivant (fig. 103) : *a,* coupe de la traverse du joug de tête ou de cou; *b,* anneau allongé traversant une mortaise étroite, longue de 0m015 environ pour le réglement latéral; cet anneau repose sur un coin à crans *c* destiné à le hausser ou abaisser plus ou moins; *e,* grand anneau recevant l'extrémité de l'age *d,* maintenu par une cheville; *f,* anneau fixant à l'age la chaîne de tirage du deuxième couple. L'araire à age brisé s'attelle à peu près de même; dans l'araire à chaîne, celle-ci s'accroche vers le milieu *b* d'une autre chaîne *aa* attachée au joug (fig. 104).

La colalive, plus particulièrement employée dans le sud, est également une espèce de joug de cou, mais ayant la forme d'un cadre divisé en trois compartiments : deux pour recevoir de chaque côté la tête des animaux qu'on y fait entrer en enlevant les deux baguettes latérales qu'on replace ensuite, et un troisième au milieu duquel passe l'extrémité de l'age. Ce cadre s'applique en avant des colliers sans attelles que portent les animaux; cet appareil est plus volumineux que le premier, mais paraît plus favorable au tirage.

Quand le tirage se fait par l'intermédiaire d'une chaîne, celle-ci vient s'attacher à une autre dont chaque extrémité est fixée, l'une à la traverse supérieure, l'autre à la traverse inférieure, de manière que la résultante passe vers le point le plus convenable au tirage et à la profondeur du labour.

Attelage au collier appliqué soit aux chevaux, soit aux bœufs. Il diffère peu, quant au harnachement, de celui du cheval de trait ou chariot. Les *traits* sont en chaînes ou en corde, en cuir plus rarement; longueur de 2m50 à 3 mètres; poids des traits en chaînes, 3 kilogrammes environ; quelquefois, ils sont en deux parties dont l'une reste aux palonniers, l'autre au collier. On y ajoute souvent, indépendamment des fourreaux de cuir, un écartoir, bâton de 3 mètres environ, destiné à éviter le frottement de la chaîne sur la peau de l'animal.

L'*attelage à un cheval* a lieu à l'aide d'un palonnier fixe ou mobile, ou, comme dans le Midi et quelques points de la Touraine, d'un brancard ou *fourcat*.

Attelage à deux chevaux. Les animaux sont ordinairement de front, exceptionnellement à la file, si on veut éviter le piétinement sur le sol à retourner. Dans ce cas, le cheval de devant s'attelle aux traits du premier, à 50 ou 60 centimètres des crochets du collier; c'est une méthode vicieuse d'atteler sur le crochet même du collier du premier cheval.

Dans l'attelage de front, un cheval marche dans la raie et prend le nom de *cheval de raie*, du côté du versoir; l'autre marche sur le guéret, c'est le *cheval de champ*. Avec la charrue tourne-oreilles, chaque cheval marche alternativement dans la raie ou sur champ.

Pour maintenir les deux chevaux convenablement écartés, on fixe, s'il est nécessaire, un bâton de 0m80 environ appelé quenouille, d'un bout au collier du cheval de raie qui doit guider l'attelage, et de l'autre à la boucle de la bride du cheval de champ. On peut encore attacher la longe de celui-ci au trait du cheval de raie; enfin, si, malgré la quenouille, le cheval de champ se rapproche postérieurement de son voisin, on fixe au trait de ce dernier, à la jonction du sur-dos, une latte armée d'un petit aiguillon mousse faisant saillie en dehors, et qui pique le cheval ou le bœuf de champ quand il se presse sur l'autre.

Le cordeau soit double, soit unique, comme dans la méthode allemande, se met au cheval de raie ; on peut encore, surtout dans la conduite de la charrue tourne-oreilles, mettre un cordeau à chaque cheval, l'un à droite, l'autre à gauche.

Une *balance,* composée d'une traverse portant deux palonniers auxquels se fixent les traits, reçoit ordinairement, quand il s'agit de l'araire, l'application du tirage; un crochet, placé au milieu de cette balance, peut recevoir l'anneau qui termine la chaîne de tirage des autres couples.

On a proposé, lorsque les chevaux sont d'inégale force, de rapprocher cet anneau du côté du cheval le plus fort, afin de laisser un bras de levier plus long au premier; on préfère croiser les traits, c'est-à-dire attacher le trait intérieur de chaque animal à l'extrémité intérieure du palonnier de son voisin. Dans les charrues à avant-train, le tirage s'applique quelquefois à une barre fixe (fig. 86). Ce mode d'attelage est simple et économique; il donne la faculté de croiser plus facilement les traits et d'allonger le bout du levier du tirage, mais il répartit moins bien la force sur chaque épaule de l'animal.

Dans l'attelage à trois chevaux, on peut placer les animaux de front avec une balance à trois palonniers; deux chevaux marchent sur champ, mais le cheval du milieu n'étant pas dans l'axe même de la résultante, il s'ensuit une irrégularité dans le tirage, qu'on a cherché à corriger par des palonniers compensateurs.

On porte, par exemple, l'anneau du tirage de la balance au tiers de la longueur d'un côté, et, au milieu de ce côté, on attache une

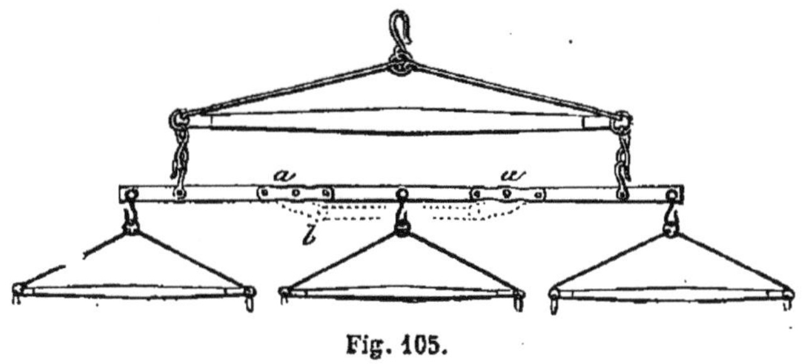

Fig. 105.

autre balance à deux palonniers, On peut encore employer la *balance articulée* de Howard : les palonniers sont attachés à une barre brisée par deux articulations. Si un animal tire avec plus ou moins de force que le reste de l'attelage, la barre articulée en *aa* (fig. 105) joue dans l'articulation, comme on le voit en *b*. Cette balance est d'ailleurs remarquable par sa légèreté et sa solidité; elle coûte, avec barres en bois, 28 à 30 fr.; en fer, 35 à 36 fr. En général, on attache le troisième cheval aux traits du cheval de raie.

L'*attelage à quatre chevaux* diffère de ceux dont on vient de parler en ce que la paire de chevaux de devant s'attelle sur une balance qui se fixe par l'intermédiaire d'une longue chaîne à l'anneau antérieur de la chaîne de tirage; on fait soutenir cette chaîne par une courroie portée elle-même par les colliers de la première paire. Si on emploie d'autres paires, on attelle de la même manière à une balance dont la chaîne vient s'attacher à la chaîne de la deuxième paire dans la direction de la ligne de tirage.

§ VII. — *Pratique des labours.*

A. — Largeur et profondeur, inclinaisons de la bande.

Le sillon est la bande de terre retournée par la charrue; on y distingue la crête, les côtés et le fond. La largeur du sillon varie de 0m20 à 0m35; son épaisseur, ou la profondeur du labour, de 0m10 à 0m35; la hauteur de la crête dépend de la section, du renversement de la bande, de l'état du sol; etc. Le labour est dit *droit,* quand la bande reste droite comme en Y (fig. 70); il est *incliné,* si elle forme avec le fond du sillon un angle plus ou moins ouvert; il est *renversé,* si la bande est complètement retournée. Sous le rapport de la disposition superficielle du champ, le labour est *à plat* lorsque les sillons se succèdent sans endos ni dérayures; en *planches,* quand ils sont en planches séparées par des dérayures; en *billons*, quand les planches sont formées seulement de deux à quatre sillons.

Le labour incliné à 45 degrés expose une plus grande partie du sol à l'air et à l'action des instruments. Le degré d'inclinaison de la bande, pour que la plus grande surface soit exposée à l'air, dépend du rapport de ces deux dimensions, largeur et profondeur; connaissant deux de ces trois termes, inclinaison, largeur, profondeur, on peut toujours déterminer le troisième. La table suivante, calculée par M. Casanova, donne immédiatement ces rapports.

La première colonne indique le degré d'inclinaison de la bande, la deuxième le rapport de la largeur à la profondeur, et la troisième celui de la profondeur à donner à la bande.

Degrés.	Largeur.	Profondeur.	Degrés.	Largeur.	Profondeur.
80°	1,075	0,985	35°	1,742	0,574
60	1,154	0,856	20	2,923	0,342
45	1,414	0,707	10	5,758	0,173

Soit à trouver la largeur à donner à la bande, la profondeur étant 0m15, l'inclinaison de 45° ; on multiplie 15 par 1,414, on aura 0m192 de largeur. Si on voulait faire une bande de 0m30 de largeur, la profondeur devrait être de 0m30 × 0m707 = 0m21 ; si, avec un labour de 0m10 de profondeur, on voulait verser la bande à 20°, la largeur de la bande serait 0m10 × 2m92 = 0m292.

La direction des labours est autant que possible dans le sens de la pente, si celle-ci est légère ; obliquement à cette pente, si elle est prononcée. Elle doit être dans le sens de la plus grande longueur du champ pour éviter la multiplicité des tournées et des dérayures ; en effet, le nombre des tournées, en supposant une largeur de raie de 0m33, est par hectare de 600 pour un rayage de 100 mètres, de 300 pour un rayage de 200 mètres, de 200 pour un rayage de 300 mètres, de 150 pour 400 mètres, de 130 pour 500 mètres. En admettant une demi-minute par tournée, le rayage de 100 mètres aura exigé cinq heures de tournée ; celui de 500 mètres une heure seulement. Il faut reconnaître toutefois que ce temps d'arrêt du laboureur augmente en général en raison de la longueur du rayage ; on se rapproche donc davantage de la vérité en admettant que la quantité de travail augmente de 6 à 8 p. 100 en passant d'un rayage de 100 mètres à 200 mètres, de 3 à 4 p. 100 de 200 mètres à 300 mètres, et de 2 p. 100 de 200 mètres à 500 mètres.

Le labour sera encore dirigé de manière à laisser à l'une des extrémités les courts rayages ou *pointes*, si la forme de la pièce en comporte. Une direction droite sera préférée à la forme courbe donnée aux sillons dans quelques pays. Les labours croisés pourraient faire déroger à ces principes ; mais ces labours, avec les charrues modernes, sont exceptionnels.

Les conditions d'un bon labour sont : 1° que la bande soit bien tranchée en prismes à section rectangulaire ; 2° bien retournée et renversée sous l'angle convenable, habituellement 45 degrés ; 3° que les raies soient également espacées, d'une largeur et d'une hauteur uniformes, droites et parallèles entre elles ; 4° que le fond du labour soit plane ; 5° que la surface des *planches* présente partout un profil uniforme en long et en travers ; 6° qu'elles soient, autant que possible, d'égale largeur.

B. — Labour à plat.

Le labour à plat, convenable aux terrains assainis, s'exécute ordinairement avec la charrue tourne-oreilles; on jette le premier sillon dans la fausse dérayure du dernier labour; on fait un faux endos en ouvrant une raie peu profonde qu'on retourne par un deuxième tour pour effacer l'endos, et on continue en revenant toujours du même côté. Avec la charrue à versoir fixe, on laboure à plat en faisant de faux endos et en laissant, au lieu de dérayure, une bande très-étroite que la herse enlève.

C. — Labour en planches.

Jalonnage. Si le champ n'est pas divisé, on trace des enrayures à l'aide d'un jalonnage qui se fera rapidement en mesurant sur les deux sommets *a b* et *c d* du champ *a b c d* (fig. 106), où seront ménagées les *forières* (bande plus ou moins large pour les tournées), des distances égales qu'on marquera par des jalons. Si la pièce n'avait pas ses côtés parallèles, comme le trapèze *a b c f*, par exemple, on rejetterait la partie angulaire ou les pointes, soit sur l'extrémité *b f*, en enrayant parallèlement à *a c*, soit vers l'extrémité *a c*, en enrayant vers *b f* ou en abaissant à l'équerre la perpendiculaire *a e*, et en mesurant les enrayures à partir de *a* et de *e*.

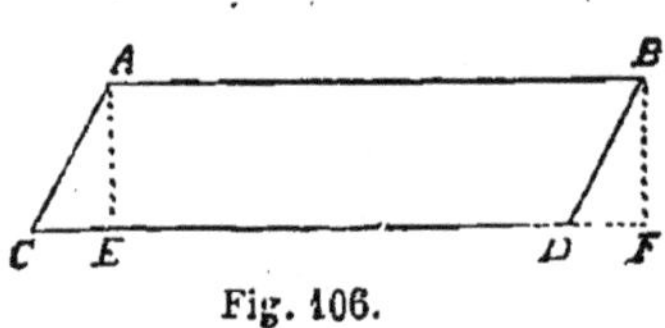

Fig. 106.

Endos et dérayure. Si les planches existent, on endosse dans les dérayures et on refend les planches endossées comme on va le dire. *Endosser*, c'est ouvrir en allant un sillon sur lequel on en appuie un autre en revenant; on continue le labour en tournant autour de ce premier endos. *Refendre* ou *érayer*, c'est ouvrir deux sillons séparés par tout ou partie de la largeur de la planche qu'on laboure en versant toujours la terre de chaque côté, mais dans un sens opposé, de manière à terminer au milieu de la planche par une dérayure à la place de l'endos précédent. Pour opérer cette dérayure, le laboureur, en enlevant la dernière bande, laisse une inégalité ou crête nommée *frayon*, résultat d'un peu plus d'entrure donnée à la charrue pour lui fournir un point d'appui; pour dérayer, on enlève ce frayon par un dernier tour qui complète la dérayure.

Exécution des planches. La planche est *large* quand elle dépasse 6 à 10 mètres, *moyenne* avec cette dernière dimension; elle est *étroite* quand elle descend de 8 mètres à 1; au-dessous, c'est un *billon*. Les planches étroites sont plus ou moins bombées; cette convexité s'obtient en endossant plusieurs fois. La courbe de leur section augmente avec l'humidité du sol; cependant, on admet aujourd'hui que des planches de 2 mètres presque planes, avec dérayures bien évidées, suffisent pour les sols humides.

Dans les terres saines, la largeur des planches se détermine par la considération de la longueur des tournées de la charrue; une tournée à zéro ou trop courte fatigue l'attelage; trop longue, elle fait perdre du temps. Sans s'exagérer ces deux inconvénients, d'autant moindres d'ailleurs que le rayage est plus long, on préférera toutefois des tournées de 0 à 10 mètres (moyenne, 5 mètres).

Fig.
107
108
109
110

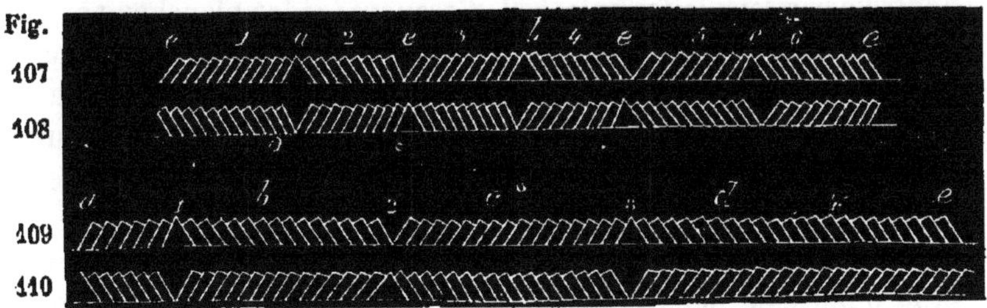

Planches moyennes. Pour faire ces planches, que nous supposons de 10 mètres, on jalonnera la pièce par demi-planches de 5 mètres (fig. 107); on endosse tous les 10 mètres en *a*, *b* et *c*; au deuxième labour, on refend en rejetant la terre en *e*; mais pour la régularité du travail, comme il est préférable de labourer en endossant, on peut à ce deuxième labour endosser la dérayure *e* (fig. 108); il restera sur les bords du champ une bande de 5 mètres qu'on labourera avec les forières en endossant ou refendant.

Planches larges. Dans de très-larges planches, ce système entraîne de très-longues tournées; on obvie à cet inconvénient par le système suivant : on divise en demi-planches de 10 mètres, qu'on numérote à partir de la première; on endosse les demi-planches numéros impairs, et on refend les demi-planches numéros pairs; on fera le contraire pour le deuxième labour. Soit le champ (fig. 109);

on endosse la demi-planche n° 1 jusqu'en *a* et *b*, puis la troisième jusqu'en *c* et *d*, puis on refend la deuxième demi-planche en versant les sillons de chaque côté vers *b* et *c*, et enfin la quatrième, en versant vers *d* et *e*. On procède de même pour les autres demi-planches. Ceci fait, la première dérayure est à 15 mètres du bord du champ; les autres sont de 10 en 10 mètres. Au deuxième labour, on endosse dans les dérayures nos 2 de *b* en *c*; on refend la demi-planche n° 1 en versant vers *a* et *b*; on enraie ensuite dans la dérayure de la quatrième demi-planche en endossant jusqu'en *d*, puis on refend de *c* en *d* (fig. 110). A ce labour, il restera une demi-planche de labour sur le bord du champ; ce léger inconvénient pourrait d'ailleurs être évité par une autre combinaison, mais qui reviendrait à une troisième façon.

Planches étroites. Elles ont l'inconvénient d'exiger des dérayures plus fréquentes et des tournées à très-court rayon (ou tournées à cul). Ces inconvénients ne sont graves qu'avec un attelage de deux ou trois animaux; on peut les atténuer par le système suivant, dont nous empruntons la formule à M. Casanova. Si les planches ont une certaine largeur (5 mètres, par exemple), après avoir divisé le champ en demi-planches, on laboure la première et la quatrième planche en tournant autour des demi-planches 2 et 3, qu'on refend ensuite. Les deux premières planches sont ainsi labourées; on continue de même en labourant les planches deux par deux.

Si les planches sont très-étroites, on laboure de même la première et la quatrième demi-planche, puis la troisième et sixième, et on refend ensemble les deuxième et cinquième. On aura donc labouré trois planches. On continue ainsi en labourant trois planches à la fois.

Labours des angles. Lorsque le champ est terminé par des pointes ou de courts rayages, par un triangle *a b c* (fig. 111), par exemple, si cette partie a une certaine étendue, on y tracera des enrayures qui iront aboutir sur la forière *a c*. Lorsque le triangle trop petit ne comporte plus ces divisions, avec la charrue tourne-oreilles ou le brabant il n'y a pas de difficulté, mais avec la charrue à versoir fixe, on laboure en revenant à vide sur la forière, ou on fait ce qu'on appelle dans les environs de Paris une *patte d'oie*. A cet effet, on partage le triangle du sommet à la base par un sillon *a d*; on laboure, soit en endossant, soit en refendant; dans le premier cas, la charrue va de *c* en *a* (fig. 112) et revient de *a* en *b*, rejetant le sillon en dehors; dans le deuxième cas, elle endosse en *d* un point autour duquel elle forme des triangles à côtés parallèles, et ayant le sommet sur la ligne *a d*.

MM. Lœuillet et Casanova ont décrit un labour plat dit de Fellemberg, qui procède d'une manière analogue, avec cette différence cependant que le point autour duquel tourne le labour est pris intérieurement, comme le point *a*, par exemple (fig. 113), et que la charrue marche autour de ce point sans interruption de travail; ce

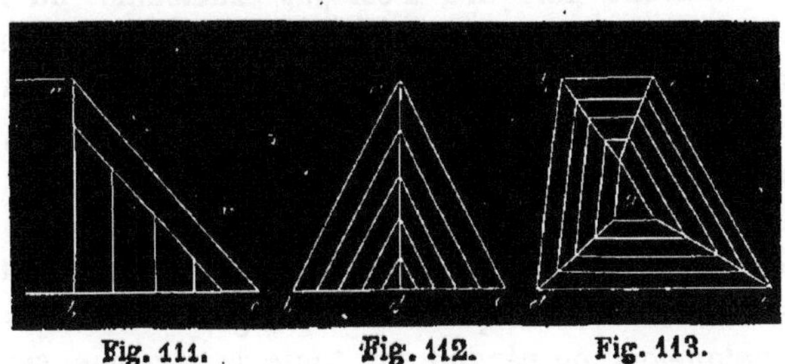

Fig. 111. Fig. 112. Fig. 113.

système, qui pourrait s'appliquer à une pièce de toute autre forme, est rarement pratiqué.

D. — Labour en billons.

Le billonnage est de deux espèces : 1° le billonnage ancien se rattachant à des instruments et des procédés peu perfectionnés; 2° le billonnage nouveau des cultures en lignes, disposition accidentelle du sol en ados, se liant à la culture avancée. Toutefois, le billonnage ancien lui-même, bien dirigé, a quelques avantages : il favorise l'écoulement des eaux et l'évaporation de l'humidité; il augmente la surface aérée, accumule la bonne terre à portée de la plante, facilite la destruction des mauvaises herbes, etc.; mais les inconvénients dépassent les avantages : les billons exigent une charrue à avant-train ou à age raide, à sep allongé, à versoir développé et recourbé; ils souffrent de la sécheresse, et si la pente fait défaut, ils arrêtent l'écoulement de l'eau; la pente, d'ailleurs, n'est pas toujours dans l'orientation du sud, direction la plus favorable aux billons; une partie de la surface du sol n'est qu'imparfaitement labourée; elle n'est qu'à moitié occupée par la végétation; la répartition égale du fumier et des semences est difficile; enfin, les billons excluent l'usage des instruments perfectionnés, du rouleau, de la herse, de la faux jusqu'à un certain point; ils rendent la circulation des véhicules pénibles, etc.

L'exécution du billonnage ancien se modifie un peu, suivant les contrées et les instruments; voici comment on opère dans l'Ouest pour les billons de quatre raies (1 mètre environ). Nous supposons les billons anciens affaissés, comme l'indiquent les lignes ponctuées (fig. 114); on lève un premier sillon du billon *b*, puis un autre du billon *c*, un troisième du billon *b*, enfin un quatrième du billon *e*. La nouvelle dérayure n'est pas exactement au milieu de l'ancien billon, mais un peu à droite; cette disposition, qui se produit à chaque nouveau labour, permet de mieux diviser la terre en ne retournant pas toujours les mêmes bandes. Quelquefois, le billon tout entier ne se reforme que successivement par plusieurs coups de charrue donnés à un certain intervalle l'un de l'autre, afin de mieux aérer la terre et la purger des mauvaises herbes. C'est surtout pour faire les semences d'hiver que le billonnage s'exécute avec le plus de soin; quelquefois, on répand soit toute la semence, soit la moi-

Fig. 114.

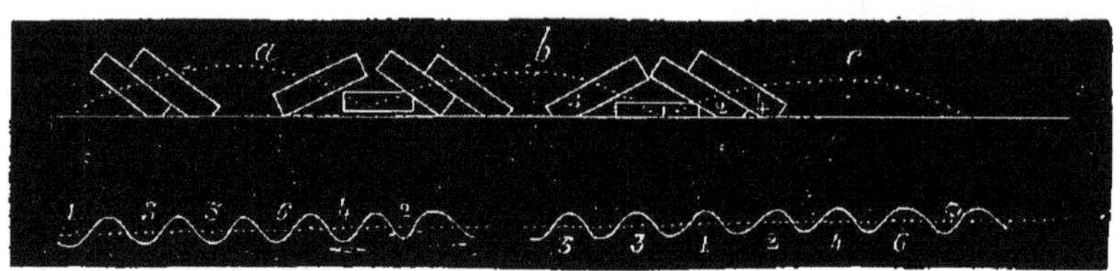

Fig. 115. Fig. 116.

tié, sur un labour à plat, et à l'aide d'une charrue à couvrir, à versoirs très-allongés, embrassant 0m50 d'une seule fois; on forme le billon en un tour complet. Si on jette seulement moitié de la semence, on répand l'autre moitié sur le billon, et on enterre avec une herse courbe articulée embrassant à la fois un demi-billon de chaque côté.

Le billonnage moderne pour plantes sarclées consiste en ados de 0m60 à 0m80 de largeur à la base, et de 0m30 à 0m40 de hauteur à la crête. Il se fait de plusieurs manières : dans les contrées du Midi et du Centre, où existe la charrue à deux versoirs, on opère plus facilement; si le sol est à plat, la charrue fait à l'aller les deux côtés du billon, et au retour en termine et en commence un autre. Si on voulait éviter les trop courtes tournées, on marquerait des divisions de 6 en 6 billons; au premier tour, on ferait moitié du 1er et du 6e; au deuxième tour, moitié du 5e et du 6e; au troisième tour, moitié du 2e et la première du 3e; ainsi de suite jusqu'au 5e, et on recommence une nouvelle série de 6 billons; on pourrait opérer de même sur 12 billons. Un *butteur* ou un *binot* convenable peuvent exécuter la même opération.

Avec une charrue à versoir unique, on peut faire les billons, soit en un tour, en prenant une raie profonde et rejetant la terre sur la bande qui, en se renversant, prend la forme d'un prisme triangulaire; si le travail se fait sur un labour en planches, on opère, soit en endossant (fig. 107), si on commence dans une dérayure, soit en refendant (fig. 116).

Les numéros indiquent l'ordre suivi dans la formation du billon; ainsi (fig. 114), on fait en allant le billon n° 1, en revenant le n° 2, puis les n°s 3, 4, 5 et 6.

Souvent on opère comme l'indique M. Desbrosses (*Journal d'agriculture pratique*, 1859; culture des betteraves en ados) : le champ étant à plat et couvert de fumier, on ouvre un billon de 0^m40, puis on revient immédiatement en adossant une bande de 0^m26, de manière qu'on reforme le billon en retournant une partie du premier sillon; on recommence un nouveau billon à côté du premier; mais il serait plus commode, pour ménager des tournées moyennes, d'opérer sur un certain nombre de billons, comme on l'a dit plus haut.

Le binot particulier à la culture flamande est une charrue à ver-

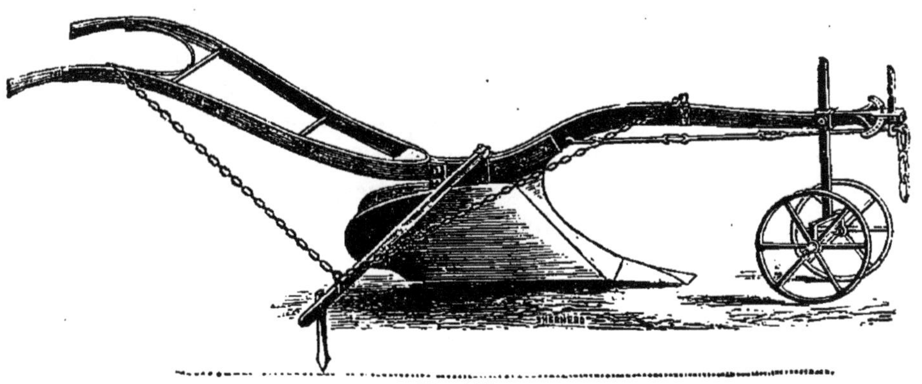

Fig. 117.

soir double peu recourbée à son arrière, se terminant en avant en cône à surface un peu convexe, pour mieux émietter et soulever le sol qu'il laisse retomber en billons peu élevés; on l'applique plus particulièrement au déchaumage. Le butteur de Howard (fig. 117) est disposé pour relever davantage le sillon. Il porte un *marqueur*.

E. — Effort de traction exigé par la charrue.

L'effort de traction dans le labour est très-variable; il dépend : 1° de l'*instrument*, de sa construction, de son poids, de l'état des pièces *actives*, de la manière dont il est conduit; 2° du *sol*, de sa nature, et de son état de sécheresse ou d'humidité ; 3° de la largeur et de la profondeur de la bande, du déplacement et de l'ameublissement opéré.

1° **Tirage dû à l'instrument.** La différence s'est élevée jusqu'à un tiers entre certaines charrues, différence variant cependant suivant les sols.

2° **Résistance due au sol.** D'après une expérience du général Morin, une charrue pesant 60 kil., prenant 0m28 de large sur 0m16 de profondeur, a dépensé de force : en terre légère, 196 kil.; en terre moyenne, 225; en terre forte et pierreuse, 326. M. de Gasparin répartit ainsi par 100 kil. les variations dues au poids de la charrue et à l'action des organes :

Terre légère....... coutre.	26k	soc	44	versoir	12	poids	18
Terre moyenne...........	28	—	42	—	18	—	14
Terre tenace.............	31	—	50	—	8	—	11

M. Pusey, dans ses *Essais sur le tirage de la charrue*, pour 100 kil. de force dépensée, en attribue 55 au coutre, 10 au versoir, 35 au poids de la charrue. Le même agronome a obtenu les résultats suivants d'essais dynamométriques opérés sur dix espèces de charrue, parmi lesquelles étaient deux araires écossaises de Clarke et Ferguson, des charrues de Ransomes, de Hart, de King, et la vieille charrue de Rerkshyre.

Terres légères...... extrêmes.....	94 à 144k	moyennes	114
Limon arg. sil...................	145 à 226	—	180
Terre forte......................	171 à 226	—	198
Argile plastique.................	270 à 322	—	296

Profondeur du labour. Les essais de Morton, conformes du reste à ceux de M. Pusey, n'ont pas confirmé l'opinion émise par quelques auteurs, que la force dépensée croissait comme le carré de la profondeur du labour. Pour une araire écossaise de Ferguson, prenant une largeur de 0m28, l'effort de traction a été, à 0m125, de 150 kil.; à 0m15, 140 kil,; à 0m18, 158 kil.; à 0m20, 190 kil.; à 0m23, 195 kil.; à 0m25, 255 kil.; à 0m28 et à 0m30, 315 kil. Lors des essais de charrues au concours universel de 1855, la charrue Hamoir a exigé un effort de 155 kil. à 0m24 de profondeur, et de 275 à 0m30. Le rapport de la force dépensée à la profondeur est de 7 kil. par centimètre dans le premier cas, de 9 dans le deuxième.

Nous trouvons également dans les expériences de Trappes, 1855, que la force dépensée par mètre cube retourné a été, pour des charrues différentes, à 0m15 de profondeur, 4010 kilogrammètres; à 0m18, de 3409 à 5404 kil.; à 0m21, charrue d'Odens, 4194 kil.; à 0m24, araire Hamoir, 2230 kil.; à 0m27, charrue Bonnet, 5964 kil.; et à 0m30, araire Hamoir, 4890 kil. En 1856, lors des expériences de Villiers dans un sol plus résistant, le même dynamomètre du général Morin a accusé, par mètre cube remué, à 0m16 de profondeur : charrue Howard, 6162 kil.; à 0m17, la même, 5882 kil,; à 0m17, Grignon, 5576 kil.; à 0m17, Ransomes, 5716 kil. Les charrues tourne-oreilles ont en général donné plus de tirage : le brabant double a accusé 8656 kil. par mètre cube; la tourne-oreilles de Grignon, 8970.

La construction des charrues a une grande influence sur l'accroissement du tirage dû à la profondeur; dans une série d'expériences de M. Morton, l'accroissement de l'effort de traction, en passant de 0m11 à 0m15, a été d'un sixième pour la charrue Barrowmann, et de moitié pour celle de Barret.

Résistance du poids de la charrue. D'après les essais de M. Morton, en chargeant une araire de *Ferguson* de manière à porter son poids de 98 à 274 kil., le tirage s'est trouvé augmenté dans les rapports suivants.

Poids de la charrue........	98k	198k	274k
Tirage..................	208	254	315

Or, la part du travail dans le tirage étant de 135 kil., celle du poids de la charrue serait dans le premier cas de 72 kil., dans le second de 120, dans le troisième de 192 kil. On peut admettre que le tirage augmente de 0 kil. 60 à 0 kil. 70 par kilog. du poids de la charrue.

La vitesse du pas de l'attelage ne paraît pas avoir d'influence sur le tirage; ainsi, M. Pusey a trouvé un même effort de

158 kil. pour une charrue marchant successivement aux vitesses de 2500, 3000 et 4650 kil. à l'heure; cependant, si le terrain est pierreux, la vitesse produit une grande irrégularité dans la marche. Le tableau suivant résume quelques essais dynamométriques faits à l'occasion du concours universel de l'industrie en 1855, et du concours général agricole en 1856.

Essais de 1855.

Constructeurs.	Profondeur.	Largeur.	Tirage moyen.	Travail pour 1m cube de terre.	Poids des charrues.
Hamoir............	0m 24.	0m 20	155	3230	53
Ridolfi............	0 25	0 21	338	6447	84
Odeurs, belg.......	0 21	0 16	141	4194	60
Mettray...........	0 15	0 25	150	4010	54
Hohenheim........	0 18	0 15	194	7207	59
Bonnet............	0 27	0 25	402	5964	79
Grignon...........	0 18	0 22	135	3409	50
Howard...........	0 18	0 22	166	4197	112
Ransomes et S.....	0 18	0 22	214	5404	122
Pluchet...........	0 19	0 26	267	5415	138

Essais de 1856.

Constructeurs.	Profondeur.	Largeur.	Tirage moyen.	Travail pour 1m cube de terre.
Grignon............	0 18	0 24	241	5576
Ransomes et S.......	0 17	0 20	194	5705
Howard............	0 17	0 20	200	5882
Parquin............	0 18	0 20	258	7165
Dubois j............	0 17	0 23	335	8656
Wallerand..........	0 28	0 50	900	4296

Quantité de labour dans un temps donné. Cette quantité dépend de la ténacité du sol, de la profondeur du labour, du mode même de labour, de la longueur de rayage, de la force et de la vitesse de l'attelage, du mode même d'évaluation du temps en travail effectif; on comprend dès lors que cette quantité est très-variable. Nous avons indiqué ailleurs comment on détermine en surface l'espace labouré pendant un temps donné de travail effectif. Prenez la vitesse de l'attelage par minute en mesurant et divisant par 10 une longueur de raie faite en 10 minutes; multipliez par 60 pour avoir la longueur parcourue en une heure; ce produit multiplié à son tour par la largeur de la raie donne *la surface* labourée par heure; si vous voulez connaître le cube retourné, multipliez ce résultat par la profondeur de la raie. Ainsi, un attelage a fait en 10 minutes un sillon de 360 mètres de long, profond de 0m15, large de 0m25: le labour en superficie par heure = 0m360 × 0m25 × 60 = 540 mètres carrés, et a retourné 540 mètres × 0m15 = 81 mètres cubes.

Mais ceci est le travail effectif de l'attelage en marche; en raison des temps d'arrêt, de repos, d'aller et venir, etc., ce chiffre est supérieur de 20 à 30 p. 100 au moins à celui du travail moyen de la journée. En multipliant donc ce chiffre par 0,7 0,8, selon les circonstances, et multipliant par les heures de durée de la journée, on a le labour que doit effectuer l'attelage.

Le tableau ci-après, déduit d'observations pratiques, indique combien de jours de travail *effectif* d'un cheval exige le labour d'un hectare dans les conditions suivantes : la largeur de raie est supposée de 0m24 à 0m30. Le défrichement est un défrichement de luzerne ; pour le travail des bœufs, on augmentera les chiffres d'un cinquième en les multipliant par 1,25 ; pour les vaches et les ânes, on doublera.

Profondeur.	Sol léger.	Sol moyen.	Sol tenace.
0,05	3	4	6
0,10	3,5	5	7
0,15	4,5	6	8
0,20	5	8	9
0,25	6	9	10
0,30	7	11	14,5
0,35	8	12	16
Défrich.	6	8	10

Si le rayage avait moins de 100 mètres, on ajouterait 0m15 de 100 à 200, et pour 100 mètres de plus, 0m10; au-dessous de 9 journées de cheval ou bœuf, on comptera deux journées d'hommes, et audessus quatre. Avec ces éléments on établit facilement *le prix de revient* par hectare.

§ VIII. — *Labours spéciaux.*

Nous distinguerons parmi les principaux labours ceux de défoncement, de défrichement, de jachère et d'ameublissement, les déchaumages, les labours d'enfouissement de fumiers ou de semence.

Les labours de défoncement ont au moins 0m30 de profondeur; si le sous-sol est médiocre, les engrais peu abondants, on procède par approfondissements successifs de 3 à 4 centimètres. Avec un bon sol, surtout si on débute par un chaulage, un drainage, une sole de plantes sarclées, le défoncement peut avoir lieu d'une seule fois.

Il se fait soit en mélangeant le sous-sol à la couche superficielle, c'est le *défoncement* proprement dit; soit en remuant seulement le sous-sol, c'est le *sous-solage*.

Le *défoncement* peut s'opérer : 1° par *labour doublé* avec deux charrues ordinaires, la seconde creusant le sillon fait par la pre-

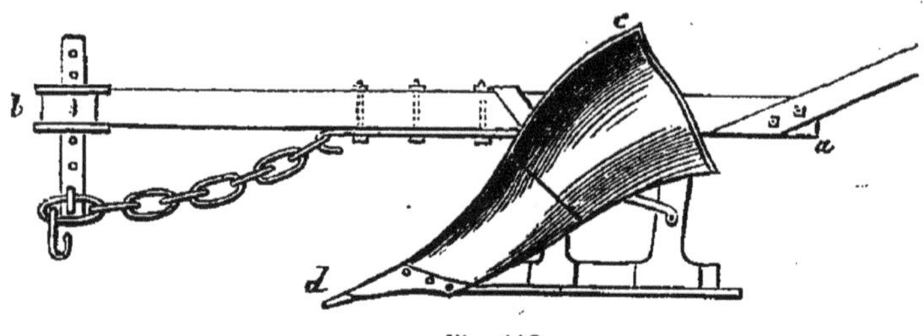

Fig. 118.

mière. Dans ce cas, il sera préférable d'employer pour approfondir la raie une charrue à versoir plus élevé, de la forme de celui de la charrue Bonnet : la longueur de l'age est de 2m10, la hauteur du versoir 0m60, la longueur de *c* en *d* 1m08; 2° avec une charrue à double corps, comme la charrue anglaise de Cotgreave fabriquée

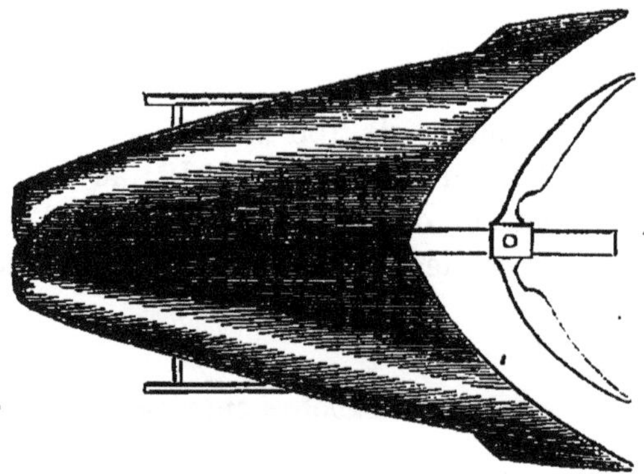

Fig. 119.

par Ransomes; le deuxième corps, fixé à l'age derrière le premier par un étançon mobile, a la forme indiquée par la figure 118. Quoique primée dans divers concours anglais, cette charrue, compliquée d'autres accessoires qu'on pourrait supprimer d'ailleurs et qui en élèvent le prix à 360 fr., s'est peu répandue encore; 3° avec une seule charrue prenant un sillon d'une profondeur et d'une largeur convenable, comme la charrue Vallerand; cette charrue, analogue au brabant double (fig. 91 à 93), mais de plus forte dimension, du prix de 300 fr., peut, avec l'effort de 8 à 10 bœufs, ouvrir un sillon de 0m35 de large sur 0m30 à 0m40 de profondeur, et faire 7 ares à l'heure. La figure 119 donne l'élévation des versoirs; 4o enfin, à l'aide de la *piocheuse-défonceuse Guibal* ou de celles, un peu modifiées, de M. Rolland et du baron Thénard. Nous insisterons peu sur ce dernier instrument, qui consiste en une roue du poids de 600 kil., et de 1 à 2 mètres de diamètre, formée de jantes en fonte dans lesquelles sont implantées par couples des dents de 0m30 environ de longueur. Cette roue, traversée par un axe qui repose sur un cadre à limonières, s'avance sous l'action de l'attelage en roulant sur le sol, et ses dents recourbées s'y enfoncent successivement en enlevant une portion de terre qu'un décrottoir placé à l'arrière fait retomber dans le sillon. Cet instrument, qui peut pénétrer en plusieurs fois à une profondeur de 40 centimètres et pulvérise bien le sol, s'est cependant peu répandu, ce qu'on doit attribuer sans doute à son prix élevé (500 fr.), à l'équilibre peu stable pendant le travail de la roue, que des hommes doivent soutenir, à la difficulté des tournées et des reprises, à l'irrégularité du travail. Les améliorations apportées par M. Thénard à cet instrument font disparaître une partie de ces inconvénients, mais le prix de revient du labour paraît toujours être élevé.

Les piocheuses rotatives ont également été essayées en Angleterre sous le nom de *digger*. Samuelson, Pearson, Paul, ont présenté dans les concours des instruments de ce genre, toujours dispendieux et compliqués. Celle de M. Paul, figurée dans le drainage de M. Barral, est mue à l'aide d'un cabestan.

L'application du *cabestan* aux charrues défonceuses a été plusieurs fois essayée. M. Garnier présentait en 1856 une charrue pour l'arrachage de la garance mue par ce moyen; le seul avantage du cabestan est de pouvoir faire avec un ou deux chevaux un genre de travail qui exigerait l'effort d'un plus grand nombre; mais la vitesse et même la quantité proportionnelle de travail est moindre, par suite des frottements et des transmissions, et le prix de revient s'accroît de la valeur d'un attirail embarrassant.

La préférence à donner au labour doublé ou au travail d'une charrue unique discutée dans ces derniers temps à l'occasion des charrues Vallerand et Demesnay, dépend des circonstances. Le labour doublé exige moins d'attelages, il s'opère plus facilement dans des terres tenaces; il suffit pour des approfondissements successifs, sans exiger un instrument assez dispendieux. D'un autre côté, un seul labour mélange mieux les parties de la bande renversée, ramène moins exclusivement le sous-sol à la surface.

Le sous-solage convient quand il y aurait danger de ramener le sous-sol à la surface, quand celui-ci est imperméable ou tuffeux, qu'on ne dispose pas d'une grande masse d'engrais. Il se pratique à l'aide de deux ordres d'instruments : les uns qu'on peut nommer charrues sous-sol, opérant une espèce de retournement souterrain de la terre; les autres *fouilleurs,* espèces de scarificateurs à un ou plusieurs pieds. Dans la première catégorie se placent la *charrue sous-sol Demesnay,* qui n'est qu'une charrue ordinaire à laquelle on

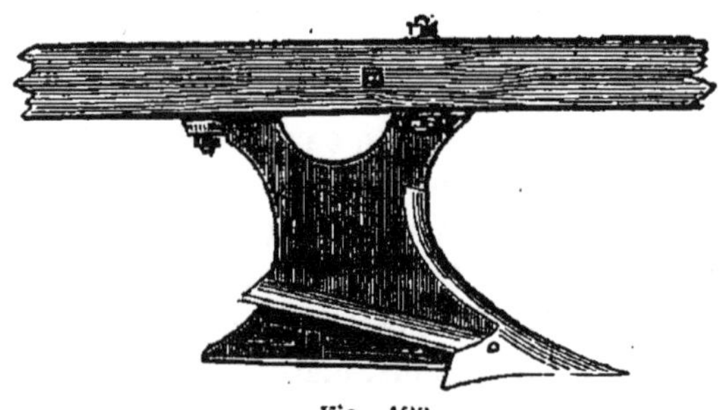

Fig. 120.

a enlevé le versoir; la charrue sous-sol Hamoir (fig. 120), instrument solide, d'un prix peu élevé (40 fr.) : on a ménagé sur le côté un rebord formant plan incliné sur lequel remonte la terre du sous-sol pour retomber au fond de la raie; cet appendice rend cet instrument applicable à l'arrachage des betteraves qu'il soulève; la charrue sous-sol à hélice de Beauclerc, fabriquée par Ransomes, porte intérieurement entre les deux étançons un axe à couteaux disposés en hélices, destiné à tourner par le frottement même du sol et à le diviser. Cet emploi de l'hélice appliqué par l'anglais Patts dans sa charrue, dont le soc imite une tarière à vis, n'a pas encore reçu une sanction complète de l'expérience. Le fouilleur de Read à un pied-soc est des plus connus; Laurent le vend 120 fr. avec trois pieds de rechange. Ses quatre roues lui donnent une stabilité plus grande que celle des fouilleurs araires de Smith (fig. 121), qui, bien conduits, font cependant un travail énergique Le fouilleur Bouthier de la Tour est également un araire muni d'un pied d'extirpateur.

Quoique pourvu d'un soc, le fouilleur de Clamageran de Lambertie (Gironde) prend une certaine fixité à l'aide de l'age raide auquel il s'articule par un régulateur analogue à celui de la charrue Lassère; son poids est de 35 kil., le prix de 60 fr.; il a quelque analogie pour la forme avec le fouilleur annexe employé par M. Merendet dans la Haute-Marne. Ce fouilleur annexe consiste dans un soc fixé à un sep relié lui-même à une tige courbe qui se boulonne à l'age d'un araire Dombasle; un manche ou levier à portée de la main du laboureur permet de l'enfoncer plus ou moins, et même de le relever complètement. A Grignon, on annexe également un pied fixe de fouilleur à l'étançon postérieur de la charrue quand on veut sous-

Fig. 121.

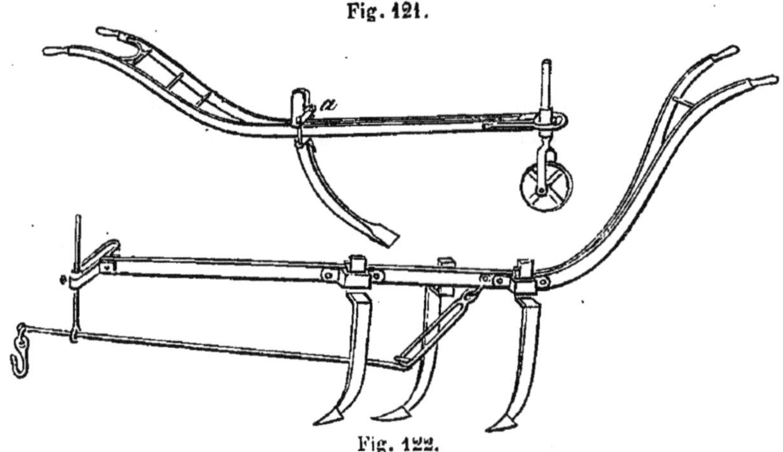

Fig. 122.

soler; cet établissement possède toutefois un fouilleur à un pied-soc analogue à celui de Smith, mais d'une forme un peu différente.

Les fouilleurs à trois pieds de scarificateurs sont préférés par quelques cultivateurs comme ameublissant mieux le sous-sol et offrant plus de fixité et d'aplomb. Le *fouilleur Hamoir*, en fer (fig. 122), analogue à celui de Howard, est un des mieux construits dans son genre; son prix (70 fr.) est très-abordable. Le *fouilleur Bazin*, connu depuis longtemps, à age en bois, est également un bon instrument; celui de M. Delalain, d'un prix plus élevé, mais muni de deux roues, est également à trois socs. Tous ces instruments sont destinés à fonctionner dans la raie ouverte par une charrue qui les précède; leur traction exige la force de deux à quatre chevaux, suivant la profondeur et la résistance du sol.

Labours de défrichement. Le défrichement des landes est traité page 94. Une forte charrue ou araire ordinaire, avec soc d'acier bien tranchant, suffit d'ordinaire. M. Hallier ajoute à une charrue de ce genre un coutre en forme de molette tranchante, pour éviter l'engorgement produit par les gazons et les racines. S. A. la princesse Bacciocchi a fait construire pour le défrichement des landes un rouleau en fonte très-puissant à disques tranchants destiné à couper et diviser les touffes qui arrêtent la charrue. Cet instrument a été l'objet d'une récompense lors du dernier concours.

Quelquefois, dans les défrichements de bois, on arme l'avant-soc d'une lame dentée en scie, ou de coutres agissant de la même manière, comme dans la *charrue Trochu,* figurée dans la *Maison rustique;* mais en général on pratique à la main un essartage qui, s'il est bien surveillé, ne laisse pas assez de racines pour justifier l'emploi d'un instrument spécial. A l'aide d'un hache-marteau accroché à la charrue, le charretier ou un aide peut détruire les obstacles accidentels qui se présentent.

Labours de nettoyage et d'ameublissement. Nous entendons ici par nettoyage la destruction des plantes nuisibles annuelles ou vivaces. Les labours de jachère ont ordinairement ce caractère et sont quelquefois des labours d'approfondissement. Le nettoyage et l'ameublissement du sol s'opèrent par le concours de la charrue et de la herse, des instruments à socs ou à dents, tels que cultivateurs, extirpateurs, scarificateurs, et des rouleaux, dont on parlera bientôt. Le rôle de la charrue est surtout de soulever et mélanger le sol, de manière à favoriser la germination des plantes adventices, ou les enfouir avant leur développement, ou enfin de mettre à nu les racines vivaces et traçantes. Un labour léger ou *déchaumage* produit le premier résultat; des cultures superficielles au *binot* ou à l'areau accomplissent parfaitement ce travail; mais on opère plus rapidement à l'aide des *binots polysocs,* depuis longtemps employés dans le nord de la France. Ces instruments, d'abord en bois, se composaient d'un cadre arrondi en avant, portant de 5 à 7 pieds, armés d'un soc en fer de lance, avec deux petits versoirs, ou un renflement à l'avant-soc permettant de soulever la terre et de la disposer en sillons et de remplacer jusqu'à un certain point la charrue pour l'enfouissage de la semence sous raie; quelques modèles ont été construits en fer par Lemaire. Leur prix un peu élevé en a paralysé la propagation; les cultivateurs et scarificateurs à socs larges, employés pour d'autres façons, remplacent jusqu'à un certain point, d'ailleurs, le binot polysoc.

Pour détruire le chiendent, l'avoine à chapelets, les plantes à racines vivaces, on donne un labour d'été, qu'on laisse motteux et bien relevé exposé à l'ardeur du soleil; les racines mortes et sèches sont ensuite extirpées par la herse et le scarificateur.

L'époque et le moment des labours dépendent de la nature, de l'état du sol, de la récolte qu'il doit recevoir: un *sol argileux*, un *limon sujet à se battre, à se lisser*, ne seront pas labourés trop humides, par un temps pluvieux; un labour profond à grosses raies, un peu motteux, avant et pendant l'hiver, préparera bien le sol argileux et argilo-calcaire à l'ameublissement; un labour d'été à gros sillons et en mottes, exposé au soleil, s'ameublit à la première pluie; les terres battantes seront labourées peu de temps avant la semence; dans d'autres sols, les sables surtout, ce labour pourra se faire plus longtemps d'avance avec avantage. Un labour n'en suivra pas un autre sans hersage ou scarifiage intermédiaire. Dans les pentes, dans les terres qui se battent, se délaient, les labours ne précéderont pas de trop près la saison pluvieuse.

§ IX. — *Charrues à vapeur.*

Parmi les moteurs inanimés appliqués au labourage, on ne peut guère indiquer que la vapeur, quoiqu'en 1854 M. Grosley ait essayé d'une charrue mue par des moulins à vent portatifs établis aux deux côtés d'un champ.

Une première charrue à vapeur fut essayée en Angleterre par Heath Coal en 1833; depuis ont paru dans le même pays les machines d'Usher, de lord Willougby, du marquis Tweeddale, de Romaine, de Biddel, de Fowler, de Smith, Chandler, William, Howard; en France, on peut citer les piocheuses à vapeur de M. Barrat, celle de M. Kientzy.

Deux systèmes paraissent se partager ces inventions : dans l'un, qu'on peut appeler automobile, la machine à vapeur se meut dans le champ avec l'appareil de labour; les inventions d'Usher, Barrat, Biddel, Romaine, rentrent dans cette catégorie; dans l'autre système, la machine fixée à un point du champ fait mouvoir l'appareil à labour à l'aide de câbles et de poulies; à ce système appartiennent les appareils de Keathcoat, Willougby, Tweeddale, Fowler et Smith; nous ne parlons pas ici des deux systèmes de MM. Halket et Graffton, encore à l'état de projet, décrite par M. Robiou de la Trehonnais.

Les appareils Smith, William et Fowler ont obtenu jusqu'ici le plus de succès; ils ont plusieurs points de ressemblance. L'appareil Fowler, dont on ne peut donner ici qu'une idée sommaire, se compose d'une machine à vapeur de 8 à 12 chevaux, et d'une charrue à 8 socs (fig. 123), dont 4 travaillent à la fois; la machine *a*, placée sur un point du champ, est munie d'un appareil de poulies sur lequel se meut un câble de fer ou d'acier, qui passe à l'autre extrémité du champ sur une autre poulie portée sur un chariot-ancre *b*, et reçoit un mouvement de va-et-vient qu'elle communique à la charrue *c*; la locomotive et le chariot *c* avancent progressivement

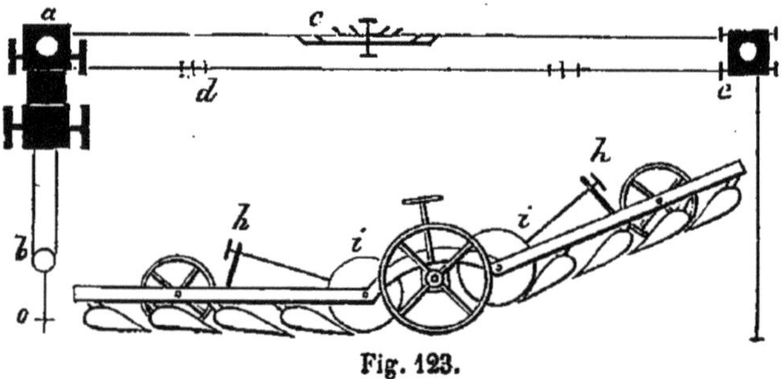

Fig. 123.

à mesure que le labour s'effectue. En prenant leur point d'appui sur les ancres *e e*, ce mouvement s'opère par la seule force de la machine elle-même; le câble est soutenu de distance en distance par des porte-câbles mobiles.

Les appareils de Fowler complets sont de 4 modèles : 1° modèle force de 8 chevaux, simple cylindre, poulie de renvoi, treuil, ancre, 550 mètres environ de câble de fil d'acier, câbles fixes des bords du champ, 16 porte-câbles, 2 ancres et outils divers, charrue à 2 sillons et dents de scarificateurs s'ajoutant sur la charrue; à Londres 13,800 fr.; 2° modèle à double cylindre, 10 chevaux vapeur, avec poulie de renvoi sur chariot se déplaçant de lui-même, 720 mètres de câble, charrue à 3 sillons, 14,750 fr.; 3° modèle force de 10 chevaux, charrue à 4 sillons, 17,575 fr.; 4° force de 12 chevaux, 19,500 fr., à Londres; — poids des appareils, de 8 à 11,000 kilog.; les câbles valent, les 100 mètres en fil de fer pour appareils à 8 chevaux vapeur, 68 fr., en acier de 108 à 125 fr.

Dix machines de 12 chevaux achetées par le gouvernement français fonctionnent aujourd'hui sur divers points du territoire.

Le prix de revient du labourage à la vapeur est difficile à fixer, l'usure des appareils entrant comme élément important. Suivant le rapport des deux jurys de Chester et de Stirling, la dépense par jour pourrait s'élever à environ 60 fr., savoir : chauffeur, 5 fr. 60; laboureur, 3 fr. 75; 1 manœuvre, 3 fr.; 3 enfants, 4 fr. 50; charbon, 500 kilog., 12 fr.; huile, 1 fr. 50; charriage de l'eau, 7 fr. 50; déplacement, 5 fr.; intérêt et usure, 25 p. 100, calculés sur 200 jours de travail, 20 fr.; total 60 fr. 55 cent.

L'inventeur prétend que, d'après les dernières améliorations apportées à l'appareil, le prix de revient ne serait par mois, avec une moyenne de 20 jours de travail pendant lesquels on labourerait 50 hectares au moins, que de 550 fr.; le prix du labour de l'hectare serait donc de 20 fr.

Plusieurs améliorations récentes ont été apportées à la machine : la première consiste dans la substitution d'une seule poulie à rainure et à pinces mobiles aux trois poulies primitivement établies sous la machine; 2° dans la diminution de longueur du câble; 3° dans un nouveau cabestan mobile sur lequel on peut placer une machine à vapeur portative quelconque : sans aucune modification ni addition, une courroie met en mouvement le mécanisme du cabestan; le prix de l'appareil, lorsqu'on possède déjà une machine locomobile, se trouve diminué de 6 à 8 mille francs.

Le système de Smith diffère de celui de Fowler, en ce que la machine à vapeur et le cabestan sur lequel s'enroulent les deux extrémités du câble qui tire la charrue sont établis en un point fixe et déterminé du champ, d'où l'on peut à l'aide de poulies d'angles donner à la charrue toutes les directions qu'on désire, de manière à labourer d'un seul point 12 ou 15 hectares et travailler dans des pièces irrégulières. Ceci ne peut toutefois s'opérer qu'avec un grand déploiement de force. Quelques améliorations viennent d'être apportées par Howard au cabestan et surtout à la charrue, qui n'est plus, comme dans le premier système Smith, un simple scarificateur, mais une charrue à 3 socs, espèce de tourne-oreilles disposée d'une manière ingénieuse, mais un peu compliquée. M. le marquis de Poncins dans le Centre, M. Cassaignaux-Brosses près de Limoux, possèdent déjà des appareils à vapeur de Smith. Du reste, la question économique ou technique ne nous paraît pas encore résolue complètement ; de nouveaux essais se font chaque jour et en hâteront sans doute la solution.

CHAPITRE II. — FAÇONS D'AMEUBLISSEMENT.

Ces façons se distinguent des labours en ce qu'elles ne retournent pas le sol. Elles se modifient avec l'état de la terre ; sur un sol déjà labouré, mais en mottes dures, on agit par percussion, frottement, écrasement, à l'aide de *maillets*, de *ploutres*, de *rouleaux*, dont on parlera plus loin ; s'il est plus divisé, on emploie les *râteaux*, les *herses traînantes* ou *roulantes*, les extirpateurs, scarificateurs, etc. ; en tout cas l'ameublissement du sol est une opération qui demande à être raisonnée, faite à propos, et aidée de l'action atmosphérique, le froid, la gelée, la chaleur, l'humidité, etc.

§ I. — *Râteaux.*

Le râteau à main, spécial pour le jardinage, est cependant en usage dans la petite culture de la Bretagne et du sud-ouest. Le râteau à monture de fer à douille et à dents rivées ou boulonnées, devra être préféré. Le *râteau à cheval* rend également service pour nettoyer le sol.

§ II. — *Herses.*

A. — Herses traînantes.

La herse traînante ordinaire se compose d'un châssis armé de dents ; on distingue les herses fortes ou grosses herses, les herses légères, les herses en bois, châssis et dents en fer, châssis en bois, les herses tout en fer. Les herses en *chaînes*, en *clayons*, en *épines*, sont des variétés.

Pièces de la herse. *Châssis.* Forme généralement plane ; il existe toutefois pour la culture en billons des herses courbes, formées de deux châssis à limons courbes assemblés par deux charnières, de manière qu'elles opèrent sur 2 billons à la fois ; la herse plane et triangulaire, quadrangulaire, parallélogrammique, trapézoïdale, en zigzag, etc. La herse triangulaire est très-répandue, d'un tirage régulier, mais lourde à lever, difficile à bien accoupler ;

la herse en *trapèze régulier*, dite Jeannette, très-répandue dans le rayon de Paris, convient mieux pour les hersages légers; son assemblage est solide. Elle s'attelle à l'un des angles du petit côté; l'espacement des raies est peu régulier. La herse *parallélogrammique* (fig. 124) a l'avantage de s'accoupler plus facilement; elle se prête comme la précédente aux hersages légers avec plusieurs herses à la suite. On peut faire varier l'amplitude, atteler en avant ou en arrière. La herse en zigzag a l'avantage d'un accouplement très-régulier.

Dents. Forme, ordinairement à section carrée ou ronde ; la première forme plus énergique, la seconde laissant moins de prise à l'engorgement ; elles vont ordinairement de la pointe au châssis, longueur de 0m20 à 0m25 ; en augmentant, une légère inclinaison facilite la pénétration ; on assujettit les dents de bois à l'aide de coins, les dents de fer en faisant de petites entailles sur les angles de la partie entrant dans le châssis ; en leur donnant une embase et un écrou ou une clavette.

Nombre et écartement des dents variable de 18 à 24 dents ; elles sont plus nombreuses, plus fines et plus serrées pour les hersages destinés à un ameublissement plus complet.

En principe, les dents doivent être disposées de manière à ce que chacune fasse sa raie, et puisse saisir la motte échappée à la dent qui précède.

Traction et règlement. La herse doit marcher parallèlement au sol et tracer des voies parallèles. Pour remplir cette double condition, il faut que la traction passe par le centre de gravité de l'instrument et par le centre de résistance des dents; ce point est au centre de la figure à la profondeur moyenne des dents *a* (fig. 124).

Dans la traction de la herse comme de la charrue, la ligne de tirage formant avec le sol un angle plus ou moins ouvert, est sollicitée par deux forces, l'une qui la tire en avant, l'autre qui tend à la soulever; cette dernière force, supérieure à la première d'ailleurs, est équilibrée par le poids de l'avant de la herse et la pénétration des dents, combinés avec l'angle de traction. Si le poids de la herse est trop considérable, le tirage a lieu trop près de terre; si les traits sont trop longs, la herse tend à enfoncer sur le devant; dans le cas contraire, elle tend à se lever. De là, trois moyens de règlement : si les dents pénètrent trop du devant, raccourcir les traits, lever le régulateur s'il en existe, charger le derrière de l'instrument ; si la herse lève du devant, opération contraire ; si la herse vacille trop, charger le châssis.

Le réglement latéral a surtout pour objet la largeur à embrasser, le fonctionnement régulier des dents.

Avec la herse parallélogrammique (fig. 124), on peut faire varier dans certaines limites l'écartement des raies tracées par les dents ; la figure représente une herse de 20 dents à l'échelle de 30 millimètres par mètre (fig. 124) : *e* et *b* sont les angles aigus ; *c* et *d* les angles obtus ; on distingue les 4 limons *iii*, les traverses *ooo*, les sommiers ou traîneaux *nn*. Le crochet d'attelage étant fixé en *h*, au tiers de la chaîne, vers l'angle obtus, on obtient 20 raies également

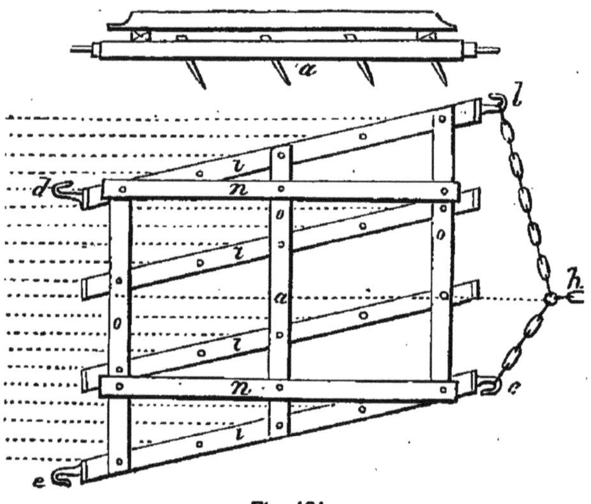

Fig. 124.

espacées sur une largeur de 1m30, comme l'indique la figure. La traction passe par le centre de figure *a*, et le centre de résistance. Si on attèle à l'angle obtus, on obtient une largeur de 1m55 et 20 raies moins inégalement espacées ; à l'angle aigu, la largeur est réduite à 1 mètre et à 10 raies. Dans la marche, la pointe de la dent ne s'avance pas dans la direction de la voie, mais un peu obliquement, disposition qui présente un léger inconvénient dans le hersage des plantes, mais qui, dans le cas ordinaire, détruit la tendance des dents à suivre le sillon précédent, offre plus de prise à la dent, plus de fixité, et facilite le dégagement.

Nous recommanderons pour les hersages légers la herse flamande en bois à châssis quadrangulaires allongés, formée, comme la herse champenoise, de 2 limons de 2 à 3 mètres, assemblés par 4 traverses; le limon de devant a les dents inclinées en arrière, celui de derrière les a inclinées en avant. Quelquefois les limons portent 2 à 3 brisures réunies par des chevilles, et forment ainsi une herse articulée en 2 ou 3 parties. Prix : 10 à 12 fr.

Conduite de la herse. On nomme *passée* l'espace embrassé par la herse; le hersage est dit à une dent quand on passe une seule fois, à deux dents, trois dents, etc., si on passe ce nombre de fois. On herse en général les dents en avant ou en *accrochant* quelquefois; pour rendre l'action de la dent moins offensive, on attèle en sens inverse ou en *décrochant.* On herse encore à la herse *renversée,* quand on veut écraser des mottes, aplanir un champ; l'opération se nomme *ploutrage,* quand elle a lieu sur des céréales au printemps. On produit un travail d'écrasement très-énergique avec la grande herse du Nord, dont on laisse à cet effet dépasser la tête des dents; on charge le châssis, sur lequel monte même le conducteur. L'attelage des grosses herses à deux chevaux se conduit à la main ou au cordeau. Les herses légères, à un cheval, sont menées quelquefois au nombre de six à huit et plus par un seul conducteur : à cet effet, chaque cheval est placé à droite, un peu en arrière de celui qui précède, et attaché par la longe à la herse de celui-ci; lors des tournées, le conducteur, qui se tient à gauche du cheval de tête, pousse celui-ci un peu à droite pour faire décrire aux herses une courbe rentrante, formant une espèce de 8 au bout du champ. Quelquefois, pour éviter des tournées trop courtes, on laisse entre les passées un intervalle double ou triple de la passée elle-même. On reprend, pour bien atteindre le hersage, 0m35 sur la passée précédente.

L'*engorgement* des herses par les racines, les herbes, le fumier, produit, surtout en sol humide, des *traînées* qu'on évite en faisant lever les herses à la main; une seule personne peut suffire à plusieurs; le conducteur au cordeau peut lever lui-même. On a quelquefois adapté à la herse triangulaire une espèce de tringle coudée placée à l'arrière, dont les deux extrémités ramenées en avant arc-boutent sur le sol et font lever l'instrument; on ramène les pieds de la tringle en avant au moyen d'une corde à la main du conducteur ; cet appareil est ingénieux, mais peu en usage.

Herses accouplées. Les herses étroites, accouplées par deux, trois ou un plus grand nombre, ont l'avantage de mieux porter sur le sol, si surtout il est inégal ; elles agissent plus énergiquement ;

elles se dérangent moins : on peut atteler à l'assemblage plusieurs chevaux de front. Les herses anglaises, en fer (fig. 125), sont particulièrement propres à l'accouplement. La herse est formée de six châssis en zigzag, articulés deux par deux par des crochets. Ces châssis, pour être ramenés à la ferme, se replient l'un sur l'autre et se posent sur celui du milieu, qui porte deux anses servant de

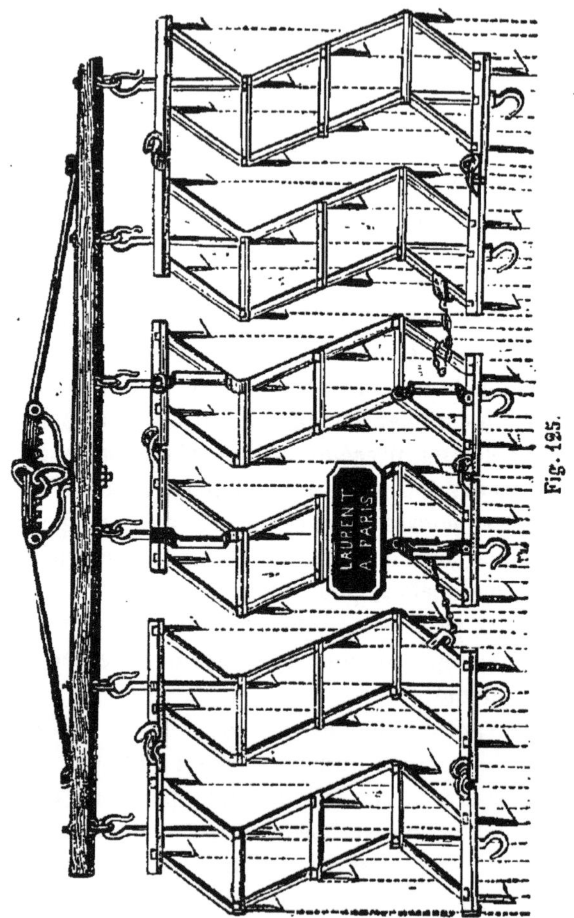

Fig. 125.

traînoires ; ces herses, qui peuvent embrasser de 2 à 3 mètres de large, se vendent, suivant leur légèreté, de 50 à 100 fr., avec la barre d'attelage. M. Millet, à Lachy (Marne), M. Bouly-Joly, à Bourbonnes, et nos charrons français construisent des herses de bois, dents de fer accouplées, embrassant de 3 à 8 mètres; prix de 40 à 60 fr.

La force de traction de la herse est très-variable; herses en bois légères, de 30 à 50 kil.; en fer, de 90 à 100 kil., s'élevant dans les tournées jusqu'à 200 kil.

Herses diverses. On doit citer, parmi ces herses spéciales. les *herses en épines,* employées pour les semences très-fines; les *herses en chaînes,* réseau de mailles carrées, de 6 à 8 centimètres de côté, dont l'effet est surtout remarquable pour ramasser les mauvaises herbes et le chiendent: le prix est de 35 fr. le mètre carré ; les *herses brosses,* à dents fines et serrées pour arracher la mousse.

B. — Herses rotatives.

Les herses rotatives plus simples consistent en rouleaux de bois armés de pointes de fer. Ces rouleaux, de 0m20 à 0m30 de diamè-

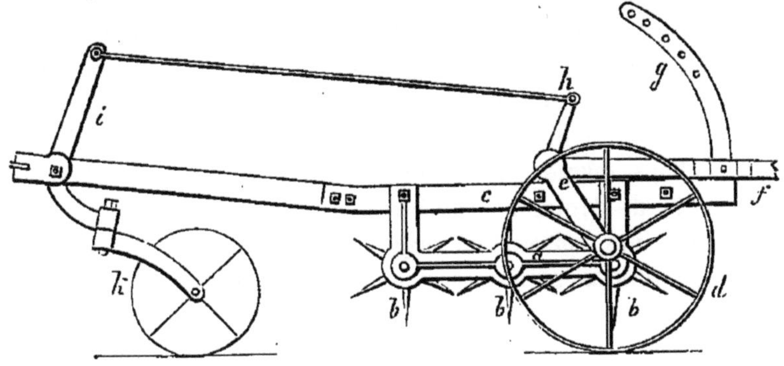

Fig. 126.

tre, de 2 mètres de long, sont engagés par les tourillons de leurs extrémités dans les côtés d'un châssis porté lui-même sur des roues peu élevées. M. de Lentillac a été primé pour un instrument de ce genre, qui effectue un bon travail d'ameublissement. M. Moreau, de Tours, a également présenté une herse roulante ingénieuse, mais d'un prix élevé. La *herse norwégienne,* la plus complète des herses roulantes, est un instrument très-énergique. Elle n'est du reste indispensable que dans un petit nombre de cas. La figure 126 présente le profil, à 4 centimètres par mètre, de la herse norwégienne, construite par Kirkwood de Tranent, au prix de 360 fr. Elle est en fer et fonte, et pèse environ 500 kil. Dans un étrier *a,* supporté par le bâtis *c,* sont trois axes d'un mètre environ, garnis de 12 à 13 hérissons *bbb* ou étoiles en fonte, tournant sur l'axe. L'instrument est représenté au repos; pour mettre les hérissons en contact avec le sol, on lève le levier *f*, qui soulève les roues de derrière par la bielle *e*, et à la roue de devant *k* par l'intermédiaire de l'autre bielle, de la tringle *h* et du troisième levier *i*. La crémaillère *g* sert à arrêter l'enterrage au point voulu.

En France, M. Legendre, de Saint-Jean-d'Angély, vend ses herses norwégiennes, avec bâtis en bois, au prix de 280 fr.

§ III. — *Extirpateurs et scarificateurs.*

On comprend en France, sous le nom d'**extirpateurs, scarificateurs, cultivateurs,** etc., des espèces de herses à roues, à plusieurs fortes dents ou socs ayant pour objet de travailler la terre plus ou moins énergiquement. On peut les réduire à deux classes : 1° ceux à dents, à coutre, *scarificateur, grubber* anglais ; 2° ceux à socs plus ou moins larges, *cultivateurs, extirpateurs*, se liant par transition insensible aux binots à plusieurs socs, dont on a déjà parlé. Cette distinction, que nous adoptons pour la classification, s'efface même quelquefois; beaucoup d'instruments anglais sont munis de dents, à l'extrémité desquelles on adapte à volonté soit une pointe, soit un soc large.

Les conditions générales des instruments de ce genre sont : 1° dents appropriées à leur travail ; 2° châssis solide et pourvu d'une mobilité suffisante pour le réglement, la profondeur du travail, le dégorgement des dents, le transport aux champs.

Construits d'abord en bois, les scarificateurs sont aujourd'hui généralement en fer, ce qui est préférable, si les membrures de l'instrument sont suffisamment fortes. Prix du kil., de 1 fr. à 1 fr. 50, descendant à 0,75, suivant que la fonte entre plus ou moins dans la construction. Le poids s'élève à 150 kil. environ pour deux chevaux, 50 kil. ensuite par cheval.

Dents. Formes très-variées; la figure 127 reproduit les principales formes employées et leur ajustage au châssis : *a*, dent du scarificateur anglais Tennant, œil carré dans lequel s'engage la traverse ; *b*, dent à col de cygne de Slight, *grubber* de Ducie, propre à résister aux chocs; en *x* est une petite dent accessoire qu'on a proposé d'ajouter pour favoriser le dégagement des herbes qui peuvent engorger les dents; *c*, dent en coutre peu employée, ajusture avec embase et écrou; *d*, dent à langue de serpent très-en usage dans les instruments français, modèle d'ajusture avec bride, clavettes en vis de pression dans la traverse; *e* dent à *oreille* mobile, ajusture à clavette; on voit quelquefois en avant un petit arc-boutant allant à la barre antérieure, employé pour consolider la dent; *f*, dent du scarificateur Ransomes, destinée à recevoir à sa partie inférieure un soc ou une pointe; elle est mobile et ajustée à l'aide d'une bride à écrou et d'une chape embrassant une double traverse; *i*, dent d'extirpateur ou cultivateur renforcée par un coutre en avant — cultivateur Valcourt. *Les châssis* sont de toutes formes, triangulaires-carrés, arrondis en avant. La herse *Bataille*, l'un des premiers scarificateurs construits, avait un double châssis, l'un mobile, se relevant. La herse *Gratien*, tout en fer, présente également deux châssis mobiles, bonne disposition pour le nettoyage des dents, mais utile seulement dans quelques cas. La mobilité des châssis se réduit aujourd'hui à un mouvement d'abaissement ou d'élévation au moyen de vis ou de leviers.

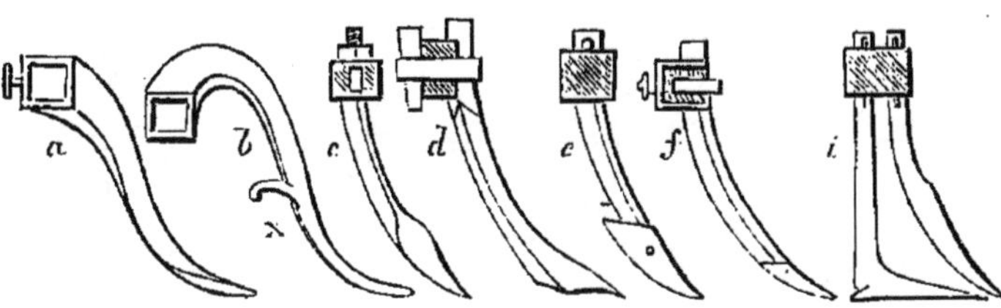

Fig. 127.

La mobilité de la herse à roues de la Picardie et du Nord, l'une des plus simples et du plus bas prix (80 à 100 fr.), s'obtient à l'arrière à l'aide d'un essieu coudé pourvu d'un mouvement de rotation qui permet de relever les roues; on les assujettit dans la position voulue au moyen d'une crémaillère à trous; la roulette de devant est portée par une tige mobile qu'on arrête par une cheville. Dans des herses encore plus simples, on se contente d'une roulette en avant. Pour la conduire aux champs, on renverse la herse sur le dos, après avoir enlevé la roulette, qu'on remet en sens inverse; c'est le scarificateur de la petite culture.

Les premiers cultivateurs, Dombasle, Valcourt, etc., étaient à pied-soc, et munis seulement d'une roulette à l'extrémité d'un age qui se prolongeait en avant; on appuyait encore cet age sur un avant-train; on a reconnu la nécessité de supporter l'appareil tout entier sur des roues pour en bien régler la marche. La fabrique de

Nancy construit aujourd'hui un bon scarificateur à 4 roues, de 260 à 280 fr. Dans les grands scarificateurs, la mobilité du châssis, le déterrage et l'enterrage n'ont lieu qu'au moyen de 3 vis ou de

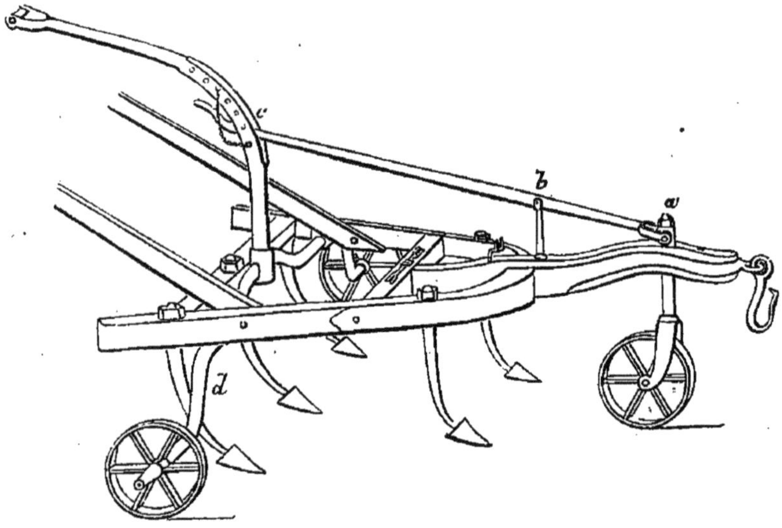

Fig. 128.

crémaillères adaptées à chaque roue, disposition solide, mais manœuvre peu expéditive. Nous citerons, parmi les dispositions d'enterrage les plus simples, le scarificateur Dubois (fig. 128). A l'aide

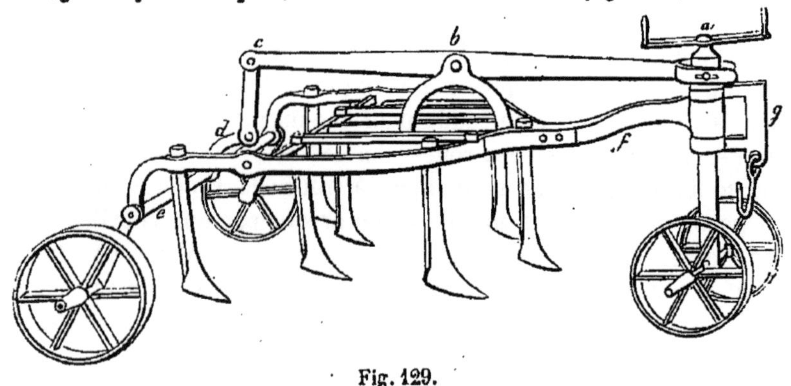

Fig. 129.

du levier *c*, terminé par une poignée à la portée du conducteur, on soulève de suite et parallèlement le châssis ; en effet, en abaissant le levier *c* en avant, on fait tourner l'essieu *d* et on relève les roues de derrière, tandis que le levier *d* pivotant sur son point d'appui *b*, relève la roue de devant. L'enterrage ou déterrage, à l'aide de l'essieu coudé, comme dans la figure précédente, est le procédé le plus général. On le retrouve dans les herses Lemaire, Marchandin, Penel, Verlier, de Poix, etc.; le levier moteur de l'essieu se fixe au point voulu à l'aide d'une crémaillère en croissant percée de trous. Quelquefois, comme dans le scarificateur de Penel et de Verlier, on agit sur l'essieu à l'aide de leviers séparés, afin d'enterrer plus ou moins l'un des côtés seulement; l'extirpateur Hamoir (fig. 129), qui rappelle les instruments anglais, est ingénieux, du poids de 275 kil., et du prix de 275 fr.; l'enterrage est simultané et parallèle. Il s'opère au moyen des poignées *a*, qui manœuvrent une forte vis dans un manchon formant écrou, de manière qu'en tournant cette vis on soulève ou on abaisse ce manchon et l'avant du châssis; en même temps on agit sur le levier *b* qui, à sa partie postérieure, commande, à l'aide d'une bielle *c*, l'essieu coudé *d* des roues de derrière, et élève ou abaisse celui-ci.

Il se fabrique aujourd'hui de très-bons scarificateurs et extirpateurs sur tous les points de la France; MM. Masse à Nontron, Trischler à Limoges, Clamagerant à Toulouse, Aussenard à Pithiviers et Bodin à Rennes, etc., fournissent à l'agriculture d'excellents instruments de ce genre.

Le scarificateur *Coleman* (fig. 130) est l'un des plus estimés en Angleterre; la mobilité a été donnée aux socs au moyen d'un grand levier *f*, qui commande un axe *c*, entraînant dans son mouvement une bride qui relie les sommets de toutes les dents et élève ou abaisse la pointe à volonté; des barres solidement assemblées avec un bâtis *a*, servent de point d'appui aux dents, dont l'extrémité *i* est armée de socs avec pointes à douilles; le levier *f* s'arrête au point voulu de sa course au moyen de chevilles implantées dans une crémaillère courbe à trous; *c*, essieu; *k*, support de la roue régulatrice, tige à chape, pour diriger la roue; *l*, *m*, point de traction; scarificateur de 300 kil., 350 fr.

En Écosse on emploie des scarificateurs légers à deux chevaux et à une ou trois roues, du prix de 150 à 160 fr. Les *drill grubber* sont des scarificateurs pour culture en ligne, tels que les trisocs et houes à cheval dont on parlera plus tard. Le travail du scarificateur aide celui de la charrue, mais ne peut le remplacer complètement, comme le prétendaient Beatson, le Rév. Smith de *Loys Wedon* et d'autres agronomes; il sera préférable à la charrue pour des façons secondaires, pour un travail profond même au moment des sécheresses; l'extirpateur à larges socs convient pour le travail super-

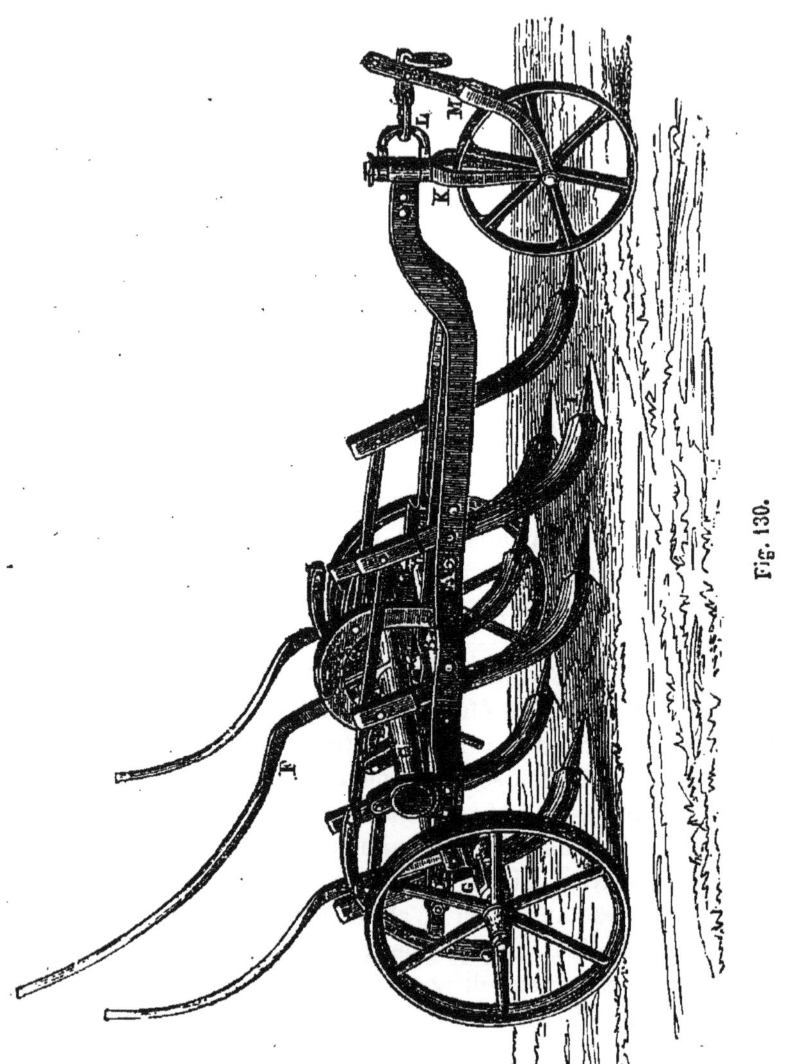

Fig. 130.

ficiel des jachères enherbées, le déchaumage en terres faciles, l'enfouissement des semences, etc.

En Angleterre, le *broodshare* au large soc de Bentall a obtenu un certain succès. Cet instrument (fig. 131), tout en fonte, est par conséquent un peu lourd; il est multiple : en enlevant les deux pieds de côté, on en fait un fouilleur; en ajustant des pointes étroites aux pieds, c'est un scarificateur qui opère comme cultivateur et

Fig. 131.

déchaumeur, en adaptant de larges socs disposés à cet effet; l'instrument est de 150 kil., 170 fr.

§ IV. — *Rouleaux émotteurs, compresseurs.*

Brisement des mottes, compression et aplanissement du sol, telles sont les fonctions du rouleau; l'instrument change un peu de dispositions et de forme suivant qu'on spécialise ces fonctions.

Le rouleau ordinaire consiste habituellement en un cylindre de bois, de fonte ou de pierre, tournant à l'aide de deux tourillons dans un châssis ou demi-châssis muni d'une limonière. La petite culture pauvre des plaines supprime quelquefois la limonière, et même le châssis; les tourillons tournent dans deux rudiments de limon auxquels on attache les traits; le rouleau lui-même, relativement long, a très-peu de diamètre. Un bon rouleau devra être, au contraire, du plus grand diamètre, afin d'exiger moins de traction; sa longueur ne dépassera pas 2 à 3 mètres; trop long, il frotte et ripe dans les tournées. Les arbres d'un grand diamètre étant d'un prix élevé, on fait le rouleau creux, avec des douves épaisses et maintenues par des cercles en fer à son pourtour. Une couche de peinture au goudron saupoudré de sable fin, renouvelée de temps en temps, conserve sa surface. Le rouleau creux peut être rempli de terre qui augmente son poids. Un châssis avec deux limons et des crochets d'attelage, comme le châssis du Croskill (fig. 130), est une condition importante. Les tourillons sont reçus dans des boîtes en fonte, à demi-patente et graissées régulièrement. On surmonte quelquefois le rouleau d'une petite plate-forme sur laquelle peut se placer le conducteur, ou d'un coffre qu'on charge de terre.

Rouleaux brisés. Pour éviter le frottement ou *ripage* du rouleau sur la terre dans les tournées, ripage d'autant plus offensif pour les plantes que le rouleau est plus long et la tournée à plus court rayon, il est bien de le diviser en plusieurs parties mobiles tournant autour, soit d'un axe unique, soit à l'aide de tourillons qui relient un tronçon à l'autre. Ce dernier moyen donne moins de frottement. Le tourillon, fixé d'un côté, tourne de l'autre dans une boîte de fonte. On peut multiplier les brisures, mais on perd l'avantage d'agir sur un point par le poids du rouleau.

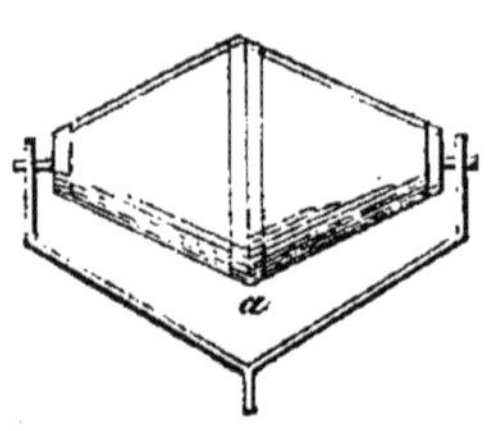

Fig. 132.

Les rouleaux coniques ou biconiques (fig. 132) s'emploient pour les billons; on peut, pour les mettre en rapport avec les dimensions des billons, les diviser à la base des deux cônes et y ajouter un ou plusieurs segments mobiles.

Rouleaux à chevilles, à barres, etc. On augmente l'action d'émottage du rouleau en y implantant des chevilles en bois dur ou en fer; il se rapproche alors du rouleau hérisson, mais on perd l'avantage du double emploi comme rouleau compresseur.

M. Érambert se servait d'un rouleau compresseur qu'on faisait rentrer à volonté à l'intérieur d'un autre rouleau, formé à sa périphérie de longues barres de fer à angles vifs, séparées de 0m30, agissant par percussion et écrasement. M. Ganneron vend un rouleau à barres de M. Letessier, de Laval, mais sans rouleau compresseur intérieur, 1 fr. 20 à 1 fr. 50 le kil.

Les rouleaux à disques tranchants ont été essayés à diverses reprises pour diviser les terres gazonnées. Loudon cite un rouleau de ce genre fait par Bartlett.

Le rouleau squelette de Dombasle rentre encore dans les rouleaux à disques; il varie en longueur de 0m80 à 1m10, et en poids de 275 à 500 kil.; il se compose d'anneaux ou disques isolés, ou assemblés en un ou plusieurs tronçons articulés entre eux, de manière à tourner ensemble ou isolément. Le prix est de 40 à 50 centimes le kilo.

M. Derrien construit un rouleau squelette dont les disques sont indépendants et peuvent rouler isolément, ou être rendus solidaires au moyen d'écrous; des décrottoirs et une caisse superposée au rouleau complètent cet instrument.

Le rouleau Croskill (fig. 133) diffère du rouleau squelette par la

Fig. 133.

forme et la disposition de ses disques, qui sont dentés sur les bords et portent latéralement à leur pourtour de petites saillies anguleuses destinées à briser les mottes; ces disques, enfilés dans un axe qui tourne lui-même dans deux boîtes, ont un mouvement indépendant et différant souvent d'un disque à l'autre, de manière que les mottes, saisies et broyées entre elles par leurs aspérités, subissent un frottement et un broiement plus énergique, augmenté encore par le vacillement de ces disques, dont le trou central est d'un diamètre sensiblement plus grand que celui de l'axe qui les traverse.

Le rouleau Cambridge (fig. 134) a de l'analogie avec le rouleau squelette; il est formé de disques tournant isolément sur un axe unique; le pourtour du disque est fait soit en rainure, soit en pointe

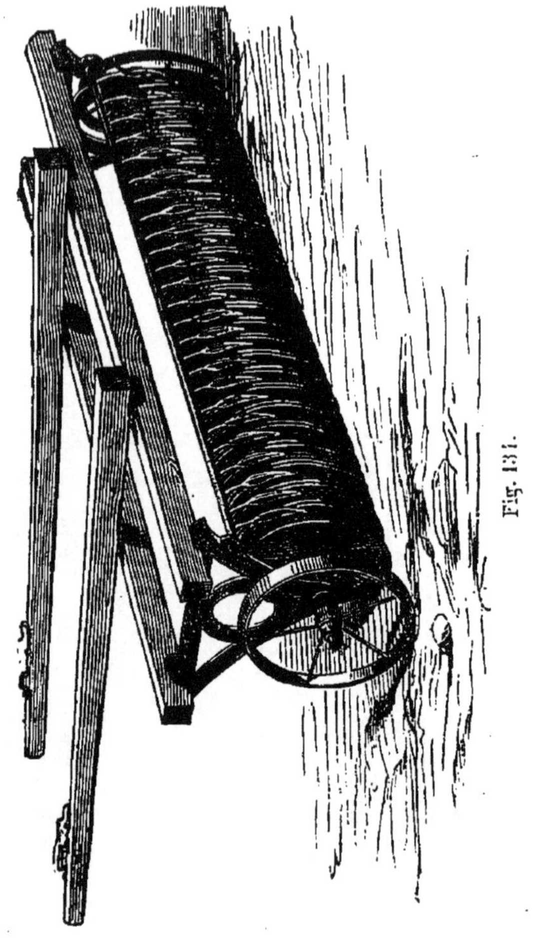

Fig. 134.

mousse. On fait encore des disques à diamètre inégal et œil plus ou moins grand pour produire un roulement excentrique; ces rouleaux rentrent dans les conditions du Croskill, qui est plus usité.

MM. Bella, Dervaux, Le Gendre, Grebel, Lecointe, etc., ont apporté divers perfectionnements à ce puissant instrument. M. Dervaux a, l'un des premiers, coudé l'essieu, de manière que l'axe *c* des roues et l'axe *a* du rouleau sont séparés, comme l'indique la figure 135; il s'ensuit que lorsque le rouleau est sur ses roues, on peut, en levant les limons, le faire pivoter sur l'essieu et le faire arriver au point où par son poids il tombe sur le sol en enlevant les roues elles-mêmes qui se trouvent en l'air.

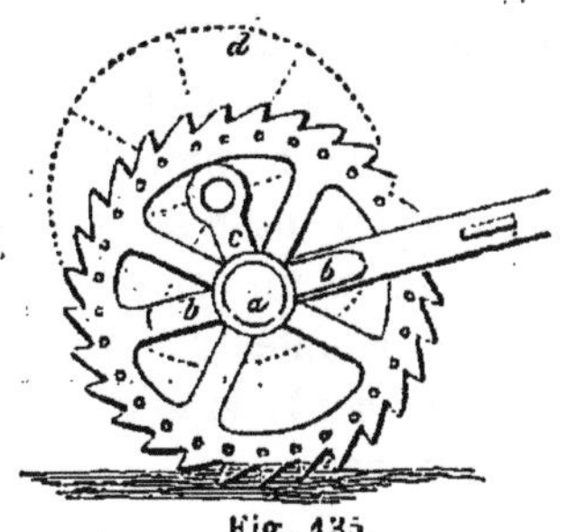

Fig. 135.

M. Bella rend les limons mobiles sur l'axe du rouleau, de manière à ce qu'on puisse les amener en avant ou en arrière. On les fixe alors par une cheville au prolongement *bb* de la boîte de fonte dans laquelle joue l'axe. Cette disposition a pour but de rendre plus ou moins offensive l'action du rouleau dont la pointe des dentelures est, dans ce système, dirigée vers un côté.

Afin de mieux dégager la terre, on fait encore des rouleaux dont les disques sont inégaux; l'œil des grands disques est augmenté proportionnellement, de manière que grands et petits touchent la terre à la fois, et qu'aucun d'eux ne peut passer sur une motte sans élever tout le reste et lui faire porter tout le poids du rouleau pendant que celui-ci fonctionne.

M. Lecointe a un peu modifié ce mouvement de levier du Croskill; pour le rendre plus facile, on fait des rouleaux de douze à quinze disques, du poids de 40 à 45 kil., et dans les prix de 35 à 50 centimes le kil.

Le général Morin s'est occupé de doter la petite culture de rouleaux économiques. Il a fait construire en 1859 deux rouleaux, l'un de compresssion, en pierre, de 0m70 sur 0m64 de longueur, pesant 750 kil., traversé par un axe solidement calé et dont les extrémités tournent dans des échantignolles supportant un brancard. Sur ce brancard est une caisse en bois qu'on peut remplir de pierres ou de terre. Un cheval et son conducteur peuvent rouler de 70 à 80 ares par jour. Le général Morin adapte au même brancard un rouleau Croskill pour les céréales, composé d'un arbre en fer et de dix disques de 0m73, pesant chacun 42 kil. Le devis suivant est donné par le général : rouleau en pierre, 35 fr.; dix disques en fonte, 420 kil. à 30 fr., 128 fr.; brancard, caisse, ferrures, essieu, 60 fr.; total pour les deux rouleaux, 221 fr.

Usages du Croskill. Pulvériser les mottes et préparer à la semence; rouler après la semaille, dans les terres légères, les graines de prairies artificielles sur froment d'hiver; roulages des céréales d'hiver au printemps; arrêter les ravages des limaces et du ver; rouler les prés tourbeux après y avoir répandu du compost, les pommes de terre et les turneps.

Les Anglais nomment (*land presser*) foule-terrain un rouleau à deux disques, utile surtout dans les semis sur défrichement, trèfle et luzerne, p ur comprimer le sillon et la semence qu'on répand; une roue adaptée à l'axe qui porte des disques permet le transport de l'instrument; le tout est porté par un bâti auquel sont assujettis deux limons.

TABLE DES MATIÈRES.

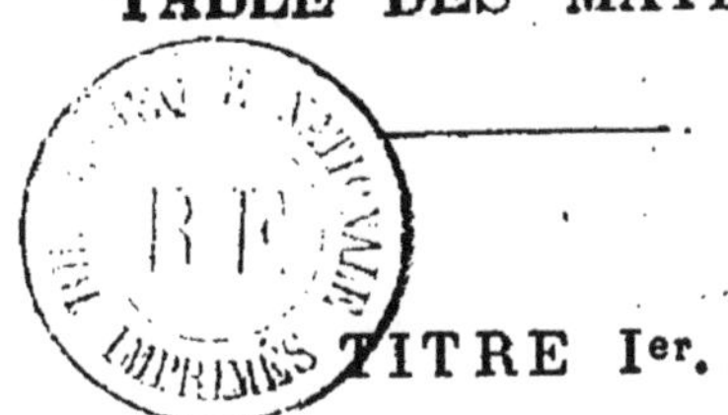

TITRE Ier.

MISE EN VALEUR DES TERRAINS IMPRODUCTIFS.

TITRE II.

TRAVAUX GÉNÉRAUX DE CULTURE.

939.77. — BOULOGNE (SEINE). IMPRIMERIE JULES BOYER

www.ingramcontent.com/pod-product-compliance
Ingram Content Group UK Ltd.
Pitfield, Milton Keynes, MK11 3LW, UK
UKHW022104190726
13855UKWH00002B/630

9 782013 359566